每天 10 分钟

V 塑造字脸型

DIY

面部普拉提

不用手术的瘦脸美容魔法

[韩国] 陈汕浩 | 龙善熙 著

王 非 翻译

四川科学技术出版社

图书在版编目（CIP）数据

DIY面部普拉提：不用手术的瘦脸美容魔法 / (韩)陈汕浩, (韩) 龙善熙著；王非翻译. -- 成都：四川科学技术出版社, 2020.1

ISBN 978-7-5364-9659-0

Ⅰ.①D… Ⅱ.①陈… ②龙… ③王… Ⅲ.①面—美容—按摩—基本知识 Ⅳ.①TS974.1

中国版本图书馆CIP数据核字(2019)第259690号

Self-Facial Pilates © 2013 by Kyunghyang Media
All rights reserved
First published in Korea in 2013 by Kyunghyang Media
This translation rights arranged with Kyunghyang Media
Through Shinwon Agency Co., Seoul
Simplified Chinese translation rights © 2020 by Sichuan Publishing House
of Science & Technology

中文简体字版本由韩国京乡传媒公司独家授权
四川省版权局著作权合同登记章
图进字 21-2016-142 号

DIY MIANBU PULATI: BUYONG SHOUSHU DE SHOULIAN MEIRONG MOFA

DIY面部普拉提：不用手术的瘦脸美容魔法

著　者　[韩国]陈汕浩　龙善熙
翻译者　王 非

出 品 人　钱丹凝
责任编辑　杨璐璐
装帧设计　尹大韩　杨璐璐
责任校对　税萌成　石永革
责任出版　欧晓春
出版发行　四川科学技术出版社
地　　址　四川省成都市青羊区槐树街2号　邮政编码：610031
成品尺寸　170mm×230mm
印　　张　9　字　数　180 千
印　　刷　深圳市精彩印联合印务有限公司
版　　次　2020年1月第 1 版
印　　次　2020年1月第 1 次印刷
定　　价　45.00元

ISBN 978-7-5364-9659-0

── 版权所有　翻印必究 ──

序 言 1

难道就没有
一种方法可以让青春永驻吗？

　　无论是在我开始从事皮肤护理师职业的25年前还是现在，在纽约中央公园，都能看到很多正在运动的女性。她们穿着贴身的运动服，展现出傲人的身体线条。然而，在感叹她们那完美曲线的同时，再一看她们的面庞，你会惊讶地发现，很多人给人的感觉甚至像是60岁的老妇人。我时常想，为什么她们这么注重保持自己的身材，但却在面部护理上如此疏忽呢？

　　观察美国最近在运动健身方面的一些研究动向就会发现，通过科学、系统的运动来保持健美的身材依然是研究的主流。较之单纯的体重数值，身体肌肉含量指数和身高体重指数更加被重视。越是高收入的精英阶层，在生活方式上，越是注重运动和饮食之间的均衡，严格控制卡路里的摄入量。很多人从儿时起就把运动作为生活的一部分，在饮食上对食材的选择也非常讲究，根据身体需要有选择性地摄入。对他们来说，相比单纯的减肥，他们更加注重塑造有弹性的、有肌肉线条的身材。从自我身体护理以及身材维持这方面来讲，她们可以说都是专业人士。然而，皮肤护理对于她们来说，却不是一件简单的事。相比东方人，西方人皮肤的表皮更加薄，因而皮肤老化的速度也更快。针对这一点，西方国家虽然开发了一系列美容的尖端技术，比如激光照射抗衰老技术等，但依然没法从根本上阻止她们脸部的皮肤老化。

我在美国和韩国的水疗、美容行业从业25年，接触了许多在皮肤护理方面陷入苦恼的女性。在帮助她们解决问题的同时，我和这些天天刻苦锻炼，拥有健美曲线和多姿背影的女性一样，内心也一直想问一个问题："真的就没有一个可以让青春永驻的方法吗？冻龄真的没法实现吗？"

后来，我有机会同美国 Blow Blush Center的经理兰尼女士一起着手了一个研究项目——面部普拉提研究。就是通过锻炼脸部肌肉，维持面部的紧致与弹性，从根本上延缓面部老化的抗衰老运动疗法。项目开始之后，我们开始为慕名而来的顾客提供面部普拉提服务。

根据计划安排，顾客们每天就像去健身房一样来到Blow Blush Center接受面部普拉提服务。一段时间之后，项目检测结果出来了，她们在没有医学整形手术介入的情况下，依靠做面部普拉提，获得了富有弹性且线条精致的面庞。顾客们还表示，这之后，她们变得更加自信了。

"水疗美容咨询"公司的研发团队，把这套先进的抗衰老脸部运动疗法面部普拉提引进韩国之后，根据东方人的皮肤及肌肉骨骼的特点，进行了相应的调整和改进，正式推出了适合东方人的面部普拉提美容。现在，面部普拉提美容项目正在以超高的人气，在

"水疗美容咨询"公司旗下的各大品牌门店中开展。很多顾客就像到健身房减肥一样，每周来店里两三次，接受面部普拉提美容，并享受着面部普拉提为她们带来的惊喜、满足与感动。

有一点特别值得关注，那就是面部普拉提被多家有名的杂志、报纸、电视媒体认为是美容行业的一个新的发展潮流。在韩国的大人气美容类电视节目"Get It Beauty"中，面部普拉提被作为一种瘦脸运动疗法介绍给广大观众，引发了巨大的反响，现在已经成为热议的话题。节目播出后，公司对有关面部普拉提方面的咨询应接不暇。另外，Singles、Allure、Heren、Instyle等多家专业美容杂志也都用了很大的篇幅对面部普拉提进行报道。在我心中盘桓已久的那个问题，现在终于有了答案——面部普拉提就是这个问题的最佳答案。通过面部普拉提的锻炼，能够对更多饱受面部美容问题困扰的女性有所帮助，对我来说就是最大的鼓励和满足了。对长期以来一直关注和支持面部普拉提，以及刚刚开始接触面部普拉提的朋友来说，我希望这本书是你的良师益友。

最后，在这个哪怕实际年龄是60岁，但脸庞绝不能是60岁的时代，让我们一起通过面部普拉提美容运动，使脸部肌肉得到锻炼。如同健美爱好者通过健身一点一点塑造自己的身形那样，我们也要通过面部健身来塑造我们为之自豪的精致面庞。让我们一起努力吧！

［韩国］"水疗美容咨询"公司 执行董事　陈汕浩

序 言 2

每天做10分钟面部普拉提，
享受独一无二的脸部肌肉运动

芭蕾、现代舞、瑜伽、负重训练、身体普拉提，这些都是我专门学习和受训过的运动，并且早已成为我生命中的一部分。我10岁第一次接触芭蕾时，她让我感受到了精致的肌肉线条所带来的魅力与美感。芭蕾舞女演员随着音乐的律动尽情舒展的背部和颈部，其优美的肌肉线条让我着迷，充满力量美感的小腿肌肉也让我觉得非常漂亮。

这之后，我在专业人士指导下，学习了多种运动。在学习过程中，我认识到肌肉对于身体的重要意义，以及适当的肌肉训练对人体健美的必要性，同时，我也深切感受到通过肌肉运动塑造出来的身体线条所带来的迷人美感，并为之所折服。有相当一段时间，我着迷于运动健身。几年前，我遇到了"水疗美容咨询"公司的陈汕浩执行董事，接触到了面部普拉提这项脸部肌肉运动。最初，面部普拉提对我来说还是比较陌生的。然而，当我详细了解和接触了"水疗美容咨询"公司从美国总部带来的面部普拉提的资料后，儿时看到芭蕾舞女演员时的那种兴奋与感动在我身上复活了。

人的脸部是由80多块肌肉组成的，如同身体通过运动可以塑造曲线美一样，面庞也可以通过肌肉的运动把线条塑造得精致、紧致、充满弹性。这就是面部普拉提。我们过去一直依赖以护肤品对面部进行护理保养。现在，我们可以通过面部普拉提，充分调动面部的每一块肌肉，让每一块肌肉主动地参与到运动中来，感受肌肉运动所带来的魅力，不，应该是魔力！这之后的一年时间里，我正式修完了面部普拉提训练的全部课程，非常荣幸地成了韩国首席面部普拉提专业教练。木质按摩球、普拉提弹力带，还有你的双手，这就是我们练习面部普拉提所必需的三样道具。就像在健身房里，不同的器械可以锻炼不同的肌肉一样，我们的脸部也需要通过不同的运动道具、不同的运动方法来锻炼不同部位的面部肌肉。如果能够把运动所需要的条件都备齐的话，运动的效果是可以叠加的哦！

　　面部普拉提运动开始的三天以后，一周以后，一个月以后，你会发现，你的面部确确实实正在发生着喜人的变化——僵硬感逐渐消失，变得更加紧致而富有弹性。

　　最后，有一点请一定要记住，那就是每天10分钟的面部普拉提，已经超越了单纯抗衰老的层面，是能够让你的面庞重返青春的独一无二的面部肌肉运动。

[韩国]面部普拉提专业教练　龙善熙

5

目录

附录 应急的面部普拉提

1.化妆之前　2.在镜子前搽洁面膏的时候　3.在上下班的地铁里　4.午饭后坐在办公桌前的时光　5.半身浴或足浴的时候　6.躺在床上的时候　7.初次见面或约会前的30分钟　8.面试或演讲前的30分钟　9.通过对头皮的护理，提高面部的抗衰老能力　10.塑造让人感到舒心的微笑

绪言

普拉提（Body pilates）是以德国人约瑟夫·休伯特斯·普拉提（Joseph Hubertus Pilates）的姓氏命名的一种身体运动的方式和技能。面部普拉提（Facial pilates）的理念由此衍生而来。它主要通过运动方式来锻炼面部的深层肌肉群，使其保持弹性并具有抗衰功能。

人的脸部由大约80块肌肉构成。但是，我们平时经常用到做出各种表情的肌肉群数量，只占到总数的1/3。其余的肌肉群，由于不经常用到，随着时间的流逝会慢慢地失去机能，逐渐老化，而这就是面部衰老、失去弹性的根本原因。

我们的面部各个部位的肌肉群相互牵动，相互影响，这些肌肉群的状态决定了你的面部是否会老化。对这些特定的肌肉群进行锻炼，让我们的脸部肌肉运动起来，这，就是面部普拉提。

把来自东方的瑜伽和西方的伸展运动结合起来，在不让肌肉变得粗大的同时，增强肌肉的力量，提升机体的状态，这就是身体普拉提的原理和奥秘。而面部普拉提完全吸取身体普拉提的原理，通过面部肌肉的放松和收紧运动，在丝毫不使脸部肌肉变得粗大和明显的同时，增强脸部肌肉的力量，这也是面部普拉提的特点。做身体普拉提时需要各种各样的器具才能使锻炼取得明显成效，我们在做面部普拉提的时候，也需要借助普拉提弹力带、木质按摩球等器具，还需要运用科学的动作技巧。有了上述这些器具和技巧，我们才能在运动过程中使脸部的80多块肌肉都得到充分有效的锻炼。与单纯的消除皮肤表层皱纹，恢复皮肤表层弹性的功能性护肤品不同，面部普拉提把目标直接指向导致皮肤衰老的罪魁祸首——脸部肌肉老化。通过面部普拉提，把脸部的每一块肌肉都调动起来，不再像以前那样依靠护肤品的功效被动地阻止面部衰老，而是通过运动主动地对抗衰老。这也是面部普拉提抗衰老美容运动疗法的先进和超前所在。

Q: 对消费者来说，如何甄别一家水疗美容店
是否具备较高的水准和资质，鉴别的标准是什么？

A: **"水疗美容咨询"公司研发团队：**仅在我们Spaeco的总部所在地首尔江南区清潭洞，水疗美容店的数量就超过100家。在如此多的水疗美容店中，如何选择一家高水准的、让人放心的美容店，对消费者来说确实是一件头疼的事。在美国的水疗美容领域有20年以上运营经验的我们看来，鉴别一家美容店是否具有高水准，主要有两个标准，一是选用的美容护肤品的档次如何；二是为顾客提供的美容服务是否科学、正规。

在美容护肤品中，有在皮肤护理过程中需要使用到的一些按摩霜，这些按摩霜在护理过程中需要长时间接触皮肤，因此在选择服务之前，对所需按摩霜的品牌和成分一定要有充分了解并慎重选择。在很多时候，进口产品并不一定是最适合的，不要太过于迷信国外品牌。在一些美容护理店推出的美容套餐里，加入了使用高档外国护肤品的环节。这不仅产生了高昂的护理费用，有些国外产品还不一定适合东方人的皮肤特质，可能会引发皮肤过敏，反而会对皮肤造成损害。因此，在使用这些国外产品前，先应进行详细咨询，做完产品的过敏测试后再做选择才是比较明智的。还有一点，在选择服务的时候，不要单纯接受皮肤护理，还要看服务项目中是否包含一些辅助的、附加的服务。例如，在恢复面部皮肤弹性的护理环节中，如果只对面部进行护理，其效果是不明显的。必须在面部护理过程中伴随对头皮部位的护理，这才是科学有效的护理过程。同样，在消除面部暗沉、皮肤发黄的护理过程中，仅对脸部进行护理是不够的，还需要配合背部、头部、脚部的护理，才能获得好的效果。

上述的这些护理项目，只有在专业护理机构，受过严格、系统的护理培训的专业护理师才能够胜任。而作为顾客，也需要知道：虽然自己接受的是面部护理，但是如果仅仅是对面部皮肤进行护理，效果不会太明显。除了面部护理，还需要有其他全身性的附加护理，以改善整个身体的循环和代谢机能，这样才会获得好的效果。

Q: 我们日常使用的护肤品与美容护肤店里使用的护肤品相比，区别在哪里？

A: "水疗美容咨询"公司研发团队：法国、瑞士的一些大品牌，因为在皮肤改善方面效果卓越而具有很高的人气。而这些大品牌都有一个共同点，它们在最初都是一些专业的美容护肤店打造的自营品牌，因为声誉良好，后来逐渐广为人知。与普通的护肤品不同，这些产品都是由高水准的专业技术人员研发，含有多种有效成分，在皮肤改善方面有着非常显著的效果。如果严格按照这些产品的使用说明来使用，我们在家里也可以进行专业的皮肤护理。

Q: 我做面部皮肤按摩已经有3个月了，但皮肤却没有什么改善，为什么会这样呢？

A: "水疗美容咨询"公司研发团队：其实，之前我们也简单提到过，面部美容虽然是针对面部的护理，但我们的身体是一个整体，各个部位是相互影响的。有时候面部遇到了问题，但原因不一定局限于面部，因此，不能仅仅只对某个部位进行护理，而是要从整体着眼，对整个身体的代谢和循环系统进行调理，这样才能使脸部护理取得最佳效果。在面部皮肤护理开始前，可先接受头部和足部的水疗护理，以改善全身的循环状态，促进代谢和排毒。然后，可进行背部护理，使体内循环重新畅快地运转起来，这样会大大增加面部护理的效果。如果在面部皮肤护理开始前能先行接受这样的护理，最后的面部护理效果是非常显著的。在做选择时请留意，尽量选择包含这种服务的美容护理店。

Q: 哪些护肤品在皮肤护理过程中是必备的？能在种类繁多的品牌中推荐几款吗？

A: **"水疗美容咨询"公司研发团队：** 在韩国，每个月都有数百种新的护肤品上市，在如此繁多的产品中找出几款必备的品牌，确实不是一件容易的事。种类如此之多，要推荐几款梳妆台上必备、适合所有肤质的护肤品，我们推荐去角质类、具有保湿功能的营养面霜类，以及功效性面膜类这三种护肤品。

首先推荐的是去角质类的。一款护肤品，就算它的功效再强，如果皮肤表面的角质不能得到很好的祛除，护肤品的有效成分就不会被皮肤充分吸收，有时还可能会引发皮肤的排斥性过敏反应。

其次推荐的是保湿营养类的。皮肤保健的根本，就是要实现皮肤的水油平衡。无论是美白护理，还是抗衰老护理，在开始之前，一定要做的就是对皮肤进行水油调养，使之达到水油平衡。如果皮肤没有调理到水油平衡，就算使用了功效性的护肤品，也很难发挥其应有的作用。因此，具有保湿功能的营养面霜的作用非常重要，一定要用这类面霜来调养肌肤。

最后推荐的是功效性面膜。功效性面膜有很多种，侧重点也各不相同。主要有抗衰老、美白、补水、舒缓肌肤等类型。可以根据自己的皮肤特质选择适合的面膜。

其实，我们只要在家里定时使用去角质的护肤品，正确使用保湿营养类的护肤品和功效性面膜进行皮肤保养，就算不去专门的美容护肤店，也能获得很好的保养效果。

Q: 请介绍一下，哪些是目前最有效果的皮肤抗衰老方法？

A: **"水疗美容咨询"公司研发团队：**大部分人只要一听到皮肤抗衰老护理，首先想到的是不断往脸上涂搽大量的功效性护肤品。其实，皮肤老化的最大原因，是皮肤表层下面的肌肉组织逐渐老化。随着肌肉的老化，我们的皮肤逐渐失去弹性，皱纹也开始爬上面庞。因此，通过做以面部普拉提为主的面部肌肉运动，可以阻止肌肉组织老化，进而延缓皱纹生成，对最终实现面部抗衰老具有重要意义。还有，就是在做脸部肌肉运动的同时必须进行头皮护理。因为随着年龄增长，头皮下层的肌肉组织也会慢慢衰老，然后失去弹性，随之就会慢慢变得松弛下垂。如此一来，我们的面部就会失去以前精致的线条，皱纹也会慢慢出现。因此，对于头皮的护理也是至关重要的。我们在进行护肤时，如果能够更多地从全身的角度出发，而不是单纯只注重脸面这一个部位，那么我们在战胜皮肤衰老的道路上会取得更好的效果。

Q: 都说要想成为美女，首先要能睡个好觉，在做皮肤护理时，可以美美地睡上一觉吗？

A: **"水疗美容咨询"公司研发团队：**其实就在不久前，E-magazine beauty（《美丽的电子杂志》）的编辑也问过我们这个问题。我们在接受面部美容按摩时，由于美容师的技术非常娴熟，手法也很轻柔，在按摩过程中顾客自然会感到非常舒服与安心。如此，顾客会慢慢地产生睡意，这其实是很常见的。但是说真的，如果在按摩的过程中真的睡着的话，那按摩的效果恐怕就要打折扣了。因为按摩的根本目的就在于要把你体内慢慢变得迟滞的代谢循环重新唤醒，使它重新运转起来。所以，一旦睡着了，体内循环自然会变迟缓，按摩效果就只能打折扣了。不过，话虽这么说，但如果真的是睡意袭来的话，也并不是让大家一定要使劲睁着眼睛强忍睡意。此时，建议大家维持在半睡眠的状态即可。在按摩的过程中可时不时地和按摩师聊几句，或者是放松身体，细细品味按摩师娴熟的手法，感受每一次按摩时的力度、手掌的温度，以及手和肌肤接触时的摩擦感。以这样的状态来打发按摩时光，大家不觉得更有趣吗？

我们经常听到一句话："美女都是瞌睡虫"。就生理角度而言，晚上10点到第二天凌晨2点的4个小时，是皮肤细胞的再生时间。所以，如果女性能够做到晚上不晚于10点入睡，那么离成为美女的梦想又进了一步哦！

较之瑜伽，在运动中需要依靠器材完成多套动作的普拉提，可以使身体的一些平常不易被锻炼到的肌肉获得有效的运动，这是普拉提的一大优势。同样，面部普拉提在练习过程中也需要依靠多种多样的器具，使平时不怎么被用到的一些脸部肌肉群得到充分、均衡的锻炼。在面部普拉提练习中，如能备齐这些器具，对于取得好的效果是很有帮助的。现在就向大家介绍一下需要准备的器具。

首先准备普拉提弹力带。在面部普拉提运动中，普拉提弹力带主要是帮助面部肌肉进行伸展和提拉的动作的。几乎所有的面部普拉提动作在开始做之前，都需要先用普拉提弹力带进行一些伸展动作。通过普拉提弹力带对面部肌肉进行舒展和提拉，对于矫正不对称的面部轮廓线条也有一定帮助。市面上售卖的普拉提弹力带有多种规格。其中，中级普拉提练习者通常使用宽度约15厘米，厚度约0.35毫米的弹力带，是最适合做面部普拉提的。刚开始练习面部普拉提时先用中级的规格，随着时间推移，各项动作逐渐熟练之后，就可以换成力度更大的，供专业级普拉提练习者使用的弹力带了。另外，普拉提弹力带在运动过程中和练习者的皮肤是紧密接触的，因此最好使用以100%天然乳胶为原料制成的弹力带。运动完之后，可以用沐浴露或者洗面奶轻轻地擦拭弹力带然后冲洗干净，再用洁净的干布把水吸干，然后放在阴凉处晾干，以备下次使用。如果没有准备普拉提弹力带，运动型长筒袜或弹性打底裤也是一个不错的选择。

其次准备木质按摩球。木质按摩球可以使僵硬的面部肌肉或某些部位由于肌肉发达而形成的肌肉结块充分放松，并且让一些平常很少活动到的肌肉群得到充分的运动，还可以促进面部血液循环，对于皮肤从表层到深层的弹性恢复都有很大帮助。另外，像锁骨区域或颈部这些靠做肌肉运动都很难锻炼到的部位，也可以通过木质按摩球来锻炼到。我们用手进行按压时，力度难以控制。但按摩球在按摩过程中可以有一个稳定的按压力度，均匀地给肌肉以刺激，还可以根据肌肉结块的程度，调节按压的力道。木质按摩球对于面部普拉提的入门者来说，是一个必备的器具！

用扁柏木做成的按摩球对于面部普拉提是一个非常合适的选择。扁柏木中所特有的扁柏木植物杀菌素，具有抗菌、增强免疫力、消除疲劳等功效，在运动的同时还可以为我们的皮肤提供"效果加成"。在面部普拉提运动中，木质按摩球的大多数动作，就是球体紧贴着面部肌肤，然后沿一定的方向或线路来回滚动。因此在挑选木质按摩球时，一定要选择表面质地均匀、韧性好、做工细腻的按摩球。每周可以用洁肤油（卸妆油）或润肤液（爽肤水）轻柔地擦洗两到三次，然后用吹风机吹干。木质按摩球吹干后要放在阴凉处，避免阳光直射，否则木球表面会出现裂纹，这点一定要注意。如果没有准备木质按摩球，台球或高尔夫球也是个选择，但会有一些问题。用台球的话，如果按压的力度比较大，球体就会发生变形。如果用高尔夫球，由于高尔夫球表面有很多压花的纹路，在按摩过程中这些纹路可能会对肌肤施加一些不良刺激。

再就是我们的双手。手不受时间和场所限制，对面部普拉提来说应该是最好最方便的"器具"了。在面部普拉提运动中，有一些非常细小的肌肉群，依靠运动器具很难按摩和刺激到它们，这时候就需要我们用手来进行一项名为"Muscle Training（肌肉训练）"，以捏、揉、拧、夹等动作为主的运动。通过Muscle Training，可以使松弛的肌细胞间的连接组织重新变得致密，从而使面部肌肉重新恢复紧致与弹性，雕塑线条精致的面庞。Muscle Training是一项源自欧洲的脉络按摩，使用大拇指和食指，通过捏、揉、拧、夹等动作，对面部肌肉施加刺激，与对骨骼和肌肉施以很强力度和刺激，带来较大疼痛及一些副作用的一般脉络按摩相比，Muscle Training在产生效果的同时，不会带来疼痛，这是Muscle Training的一大优势所在。

Muscle Training在美国和欧洲等美容业发达的国家和地区已经成为一项非常受欢迎的美容术。进行Muscle Training时，如果手指甲过长，可能会造成皮肤破损，建议在进行这项运动前，把指甲修剪得短一些。另外，对肌肉进行揉捏时用力过度，可能会引起皮肤红肿，这一点也请注意。

　　除了上述三种器具，再介绍几种适合用于面部普拉提的器具。这些器具都是我们生活中常用的，非常容易买到的。使用这些器具，也非常有助于提升面部普拉提的效果。一是不锈钢勺子；二是用陶瓷或塑料等材料制成，附赠在护肤品包装里用来挖取护肤品的小刮片。不锈钢的导热性能非常优秀，使用前可以把不锈钢勺子放在冰箱里，待勺子变得冰凉之后，再贴在面部有浮肿的部位；小刮片用在眼眶、嘴唇周围等皮肤薄而敏感的部位是非常合适的。

在正式开始面部普拉提之前,请一定记住这个法则:"3-3-3法则"。

3 | **①** **②** **③**

面部普拉提
3-3-3法则

① 练习面部普拉提需要准备的三种护肤品

　　面部普拉提作为一种依靠运动器具与面部进行直接接触的运动方式,在运动前后,配合使用一些可以舒缓可能发生的皮肤刺激现象,以及有助于提升皮肤弹性的护肤品,可以获得更好的运动效果。首先是用含有芳香精油,能够减少器具对皮肤的摩擦刺激,同时促进皮肤排毒的精油面霜。运动开始前,用精油面霜均匀地涂抹在整个面部、颈部;对木质按摩球表面也进行均匀涂抹。这样可以使器具对皮肤的接触变得更加柔和,在运动过程中可以有效减少器具对皮肤的摩擦刺激,获得更好的运动效果。再就是在面部普拉提的所有动作结束后,涂抹上对皮肤具有舒缓、清凉、镇定作用的芦荟胶。这如同健身锻炼之后,饥饿的我们需要补充能量一样。我们在面部的运动结束之后,也需要用护肤品来给脸部补充更多的营养。芦荟胶不仅可以给皮肤补充水分和营养,还对皮肤起到良好的舒缓和镇静作用,对于发红、敏感和易受刺激的皮肤有很不错的效果。最后,就是使用具有紧致皮肤作用的功效性面膜。在通过面部普拉提运动,使脸部皮肤已经变得紧致有弹性的基础上,进一步配合使用功效性面膜,会使面部普拉提的美容效果更上一层楼。

❷ 面部普拉提的3D横膈膜呼吸法

作为在身体普拉提中经常被运用到的3D横膈膜呼吸法（Diaphragmatic breathing），在面部普拉提中也经常使用。平时我们在呼吸时用的是"胸式"呼吸法。也就是依靠胸廓上部的胸脯部位的扩张和收缩，来完成吸气和呼气的过程。胸式呼吸法需要颈部和肩部的肌肉群也参与进来。在呼吸过程中，随着胸腔的扩张和收缩，颈部和肩部的肌肉也一起绷紧和放松。而这种呼吸法，对于强调要保持放松的面部普拉提来说是不合适的，会影响运动效果。3D横膈膜呼吸法依靠的是胸廓下部的肋骨部位的前后、左右反复的扩张与收缩来完成的3次元呼吸法。3D横膈膜呼吸法可以充分调动肺部的所有肺泡参与到呼吸过程中来，使得氧气被充分地运送到全身的各个部位，加速血液流动，促进身体的代谢循环，加快废物排出，让整个身体充满生机与活力。3D横膈膜呼吸法是一种对身体非常有益的呼吸法，在西方发达国家还有专门教授如何正确呼吸的普拉提课程。

❸ 每一个动作重复3次以上，每周运动3次以上，才能获得更好的效果

在面部普拉提练习过程中，建议每一个动作至少要重复3次以上。之所以要重复3次以上，是因为只有这样做，才能激活所有的肌细胞，让每一个细胞都得到充分的运动。如果时间允许，每天都做面部普拉提当然是最好的。但在现代社会里，人们的工作都非常繁忙，可能保证不了每天都拿出时间来做面部普拉提，因此建议每周至少运动3次。运动是非常注重持续性的，面部普拉提也不例外。如果每周运动的次数少于3次，通过面部普拉提变得紧致而有弹性的肌肉细胞，就会因为过长的肌肉休息时间，而重新变得松弛和失去弹性。因此，希望大家至少每两天能够做一次面部普拉提，这样就可以保证运动的效果了。

真切体验到
面部普拉提的效果
的人们

＊第一次听到面部普拉提这个名词的时候，我感到非常新鲜和好奇。面部普拉提到底是做什么的呢？后来在闺蜜的推荐下，在去SPAECO做准新娘婚前皮肤护理的时候，在护理项目中加入了面部普拉提。相比其他一般皮肤护理，在做了面部普拉提之后，我能感觉到皮肤变得更加有弹性，更加紧致了。

—— [韩国]《前朝日报》"幸福+"栏目记者　李贤智

＊我靠做面部普拉提和身体普拉提对脸部和身体进行护理和调养。在练习面部普拉提一个月之后，我发现我的脸部线条变得更加精致，皮肤也更有弹性了。

—— [韩国] Beyond Museum艺术策划公司　理事　洪善基

＊我的皮肤属于敏感类型，所以平时不怎么选择按摩护理。但在听说了面部普拉提之后，非常好奇它是如何使皮肤表层和深层的肌肉都获得充分运动的。于是开始尝试练习面部普拉提，现在我早已养成了练习的习惯，面部普拉提已经成了我生活的一部分。

—— [韩国]《经济》杂志社记者　金宝蓝

＊我们生完孩子后，天天为皮肤开始变得松弛而烦恼。后来听说了面部普拉提，于是开始尝试。通过两个月坚持不懈的面部普拉提锻炼，再加上饮食控制，周围的人见了我们都说："你们怎么生了孩子之后反而更显年轻了。"这之后我们极力向那些饱受皮肤问题困扰的女演员们推荐面部普拉提。

—— [韩国]知名演员: 金莎朗　李英雅　韩智慧

李英妮 [（韩国）知名影视演员权相佑的化妆师主管]

＊作为一名喜欢尝试一切新生事物的极客，面部普拉提对我来说简直是一种享受。

——［韩国］岛山公园 My SSong餐厅 执行董事　李颂熙

＊穿上婚纱的那一刻，优美的面部和颈部线条更能衬托你的美。让面部普拉提来帮助你实现吧！

——［韩国］《Wedding21》记者　李娜英

＊面部普拉提改变了我认为按摩是"聊胜于无"的看法。

——［韩国］宇船公司　李善玉 课长

浮肿

姓名：张荣熙 | 性别：女 | 年龄：30岁 | 职业：公司职员 | 遇到的问题：浮肿

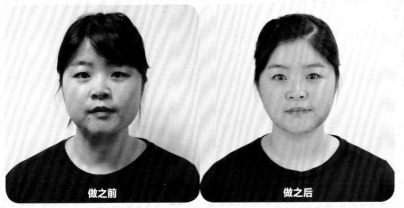

做之前　　　　　　　做之后

面部普拉提
做之前与做之后
的心得

面部问题描述：我平时非常喜欢吃高盐和麻辣食物，所以面部浮肿问题很厉害。尤其是早晨起床之后，面部经常浮肿，连双眼皮都变成单眼皮了。也经常被周围的人问到"昨天晚上哭过吗？"这样的问题。由于面部经常浮肿，好像连法令纹也开始渐渐长出来了。有时候看着镜子里因为浮肿而变得胖鼓鼓的脸，真的连自己都不忍直视，真的是觉得好苦恼啊。为了让浮肿消失，无论是用凉水洗脸，还是把放进冰箱里冻的凉凉的勺子贴在脸上，我都试过了，可浮肿就是消不下去。

在家中是如何做面部普拉提的：由于工作的原因，经常在外面参加公司的饭局。自己做饭的时候也总是喜欢加很多调味料，把食物的味道调得很重。看来我想要远离不健康的饮食习惯还是挺困难的。但我还是尽最大努力调整自己的饮食方式，同时开始做面部普拉提。如果哪一天吃了很多高盐和麻辣的食物，或者在饭局上喝了很多酒，我就会在这一天增加做面部普拉提的时间和强度，由原来的10分钟增加到20分钟。主要是用木质按摩球更加用力地按摩，以及早晨起床后立即用普拉提弹力带进行拉伸舒展运动。拉伸舒展运动是每天早晨和晚上各一次，每次5到10分钟；木质按摩球是每两天一次，每次10到15分钟。另外，我白天就把按摩球放在办公室桌子上，趁着工作的间隙，随时拿起来滚动几下。

做面部普拉提后发生的变化："你是不是打瘦脸针了？"这是我现在经常被问到的问题。开始练习面部普拉提之后，我每天都坚持。有时候早晨时间实在紧张，但哪怕只够练习其中一个部位，我也会去做。时间一天天过去，我发现整个脸部的浮肿消失明显，变得松弛的侧脸也开始有紧致的感觉了。现在哪怕晚上很晚吃饭，第二天起来也不会有严重的浮肿，而且立刻用弹力带进行提拉运动的话，浮肿很快就会消下去。因为非常劳累，连续3天以上没有练习面部普拉提的时候偶尔也会有。这时我就在想，如果我能稍微再坚持一下，就算累也要稍微练习一点，那我的脸就会比现在更瘦更紧致的哦！

面部不对称

姓名：金贤徽｜性别：女｜年龄：25岁｜职业：学生｜遇到的问题：面部不对称

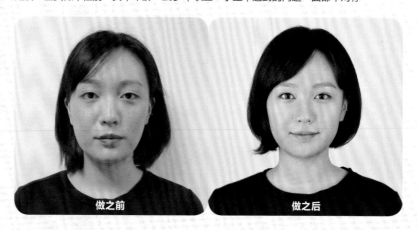

做之前　　　　　　　　做之后

面部问题描述： 由于我面部不对称的问题比较突出，就去做了牙矫正。在牙矫正过程结束，拿掉矫正器后，发现一侧的下巴依然看上去很长，于是就去医院拍了一张X光片。通过X光片发现，并不是脸部肌肉不对称，问题出在下颌骨上，是一侧的下颌骨比另一侧的要长，才出现了脸部不对称问题。再加上我这两年体重有些增加，下颌部赘肉见长，这样脸部线条就显得更加不对称，真的是感到很苦恼。这时，有朋友推荐了面部普拉提，我看到了希望……

在家中如何做面部普拉提： 晚上做完基础护理后，开始使用普拉提弹力带，先让肩部和颈部的肌肉放松。然后用下颌骨贴住弹力带，双手抓住弹力带的两端，用力往上提拉。我是右侧的下巴看上去较长，所以在运动中，着重针对右侧进行了更多的提拉锻炼。然后，再按照颈部、下颌、脸部的顺序，用木质按摩球滚动按摩。如果哪一天感到特别疲劳，或脸部有浮肿，我还会对后颈部的淋巴结部位进行按摩。

做面部普拉提后发生的变化： 首先是脸部浮肿消了很多，能感觉到整个脸部皮肤开始恢复弹性了，周围的人也经常说，你看上去瘦了很多。其实我的体重和以前一样，只是因为脸比以前小了，所以人们才会觉得我整个人都瘦了。就这样，通过一段时间的面部普拉提锻炼，我感觉面部不对称的问题基本解决了。加上全身性的身体拉伸训练，我感觉脸变得年轻，身体变得更加轻快和充满活力了。

方下巴

姓名：白多英 | 性别：女 | 年龄：24岁 | 职业：公司职员 | 遇到的问题：方下巴

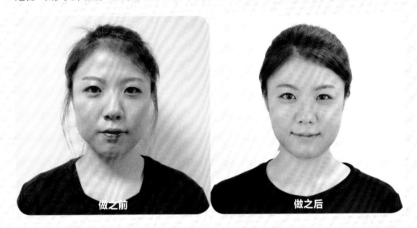

面部问题描述： 我下巴部位肌肉比较发达，再加上睡觉的时候经常有咬紧牙的习惯，久而久之就变成了现在这样的方下巴。由于睡觉时习惯性的咬紧牙关，肌肉常处在紧张状态，时间长了下巴就慢慢变得硬邦邦的了。有时候还能看到突显出来的硬硬的肌肉块，有时还伴随有肌肉疼。

工余时如何做面部普拉提： 我准备了一对木质按摩球放在办公室，工作累了休息的时候随时拿出来按摩下巴和侧脸，晚上睡觉之前再按摩一次。按摩球运动我是一天也不落下，普拉提弹力带提拉运动和用手直接做肌肉按摩则是每周做3次。早晨和晚上在进行面部普拉提时，还会对下巴部位做专门按摩。先在下巴部位满满地搽上营养面霜，再用手做下巴肌肉按摩。

做面部普拉提后发生的变化： 开始做面部普拉提之后，慢慢地我发现原来方方的下巴轮廓线条收紧了，偶尔会有人问我是不是打了肉毒素美容针。下巴部位硬邦邦的肌肉块也变得平滑又柔软，睡觉时咬紧牙关的习惯也有改变。最让我暗自惊喜的是，经常有人问我是不是变瘦了，另外嘴角的松弛下垂状况也改善了很多。我的下巴左侧部位的肌肉块比起右侧的要更发达和明显一些，所以在做面部普拉提运动的时候我会多做左侧，现在不对称问题已经改善很多了。

双下巴

姓名：孙贤寅 | 性别：女 | 年龄：23岁 | 职业：公司职员 | 遇到的问题：双下巴

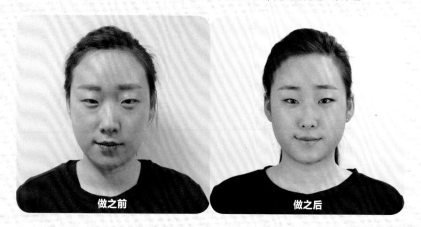

做之前　　　　　　　　　　做之后

面部问题描述：平时只要体重稍微一增加，我的下巴立刻就变胖，就好像所有的肉都长到下巴上去了一样。下巴上的肉叠在一块儿，看上去就像有两层下巴一样，真是很苦恼。最主要的是，双下巴不光显得脸很大，还显得老气。

工余时如何做面部普拉提：只要有时间，无论在家里还是在办公室，我都会在空闲和休息时间拿出普拉提弹力提弹力带来做提拉运动。按摩球运动也一样坚持，无论是工作中途休息，还是在家看电视的时候，都会习惯性地拿出来按摩。原来脸部肌肉硬邦邦的，摸上去还有肌肉块，同时还有一种僵硬的疼感。开始做面部普拉提之后，不知不觉发现脸上的肌肉变得柔软了，还有一种非常放松的、舒缓的感觉。另外，除了每天运动，我每周还专门有两次在下巴部位贴上一层厚厚的含植物杀菌素的面膜作为额外护理。

做面部普拉提后发生的变化：首先是我觉得原来堆满赘肉的下巴变得利索多了，线条有所显现，这是我最满意的一点。再就是面部表情也变得自然了，早晨起床后脸上的浮肿也几乎消失了。对我来说，最大的改变不仅仅只是双下巴没有了，而且整个脸部的线条给人的感觉也更加柔美、更加精致了。闺蜜们都说我的脸看上去比以前小了。

法令纹

姓名：申宝拉 | 性别：女 | 年龄：31岁 | 职业：公司职员 | 遇到的问题：法令纹

做之前

做之后

面部问题描述：我鼻子两侧的法令纹很深，给人年龄很大的感觉，这让我感到很自卑。特别是在照相的时候，法令纹变得尤为明显，每次照相都是一件让我头疼的事。另外嘴角周围的皮肤好像也因为法令纹的关系，变得下垂和没有弹性，这也让我很受伤。得知做面部普拉提可以改善法令纹，我的心情开始好起来了。

在家中是如何做面部普拉提的：在正式开始做面部普拉提之前，我都要先做一次额外的皮肤弹性护理，然后正式开始面部普拉提练习。首先是用普拉提弹力带做脸部肌肉提拉运动，我每天都坚持做。特别在法令纹部位，我用木质按摩球沿着法令纹的纹路，上下来回滚动按摩。另外，我不只是在正式运动时才进行法令纹按摩，白天只要得闲，我会随时拿出按摩球来进行按摩。对于嘴角周围的部位，我会先专门搽上一层精华面霜，再做嘴角部位的肌肉按摩。

做面部普拉提后发生的变化：其实，最初做面部普拉提的目的就是为了消除法令纹，但后来慢慢地我发现，面部普拉提给我带来的不仅仅是法令纹的改善，而是让我的整个面部都发生了让人惊喜的变化：面部肌肤变得更加紧致有弹性了，线条轮廓也更加漂亮了。现在我脸上的法令纹明显变浅了很多，嘴角周围的皮肤也变得有弹性多了。照相的时候，法令纹和以前相比确实不那么明显了，笑起来的时候，表情也变得更加明快、更加自然了。

身体普拉提
——面部普拉提开始前的热身运动

在正式开始练习面部普拉提前，首先需要通过几组身体普拉提动作进行热身，使得包括面部在内的身体循环系统被充分调动起来，让每一个肌肉细胞被充分激活。这几组动作包括——普拉提呼吸法、100次呼吸、蜷曲动作、折叠动作、燕式跳水动作。在做面部普拉提开始前先练习这些动作，有助于面部肌肉群的兴奋感被充分调动起来，使面部肌肉充满活力，以取得更好的运动效果。

1 普拉提呼吸法（Pilates Breathing）

想要直观地感受采用普拉提呼吸法时胸廓部位是如何扩张和收缩的，可以像下面这组图一样，用普拉提弹力带在胸廓的位置绑上一圈，然后练习吸气和吐气。

吸气（inhale）：用鼻子吸气，同时用手感受空气吸入时的肋骨向前、向后以及两侧方向的扩张。

呼气（exhale）：用嘴吐气，同时用手感受空气呼出时的肋骨重新向脊柱方向的收缩。

➋ 100次呼吸（100 Breaths）

"100次呼吸"这个动作可以加强腹部肌肉的力量，强化心肺功能，还可以促进包括面部在内的整个身体的血液循环。

身体平躺，两条胳膊伸直放在骨盆两侧。双腿并拢然后抬起。大腿和上身，小腿和大腿都保持直角。

向上抬起头部、颈部和肩膀，与地面保持45°角。两条胳膊伸直抬起，视线放在两条大腿正中间。此时缓慢而平稳地吸气。吸气的时间要持续5秒钟，在吸气的过程中胳膊上下摆动。接下来是缓慢而平稳的吐气，吐气时间也要持续5秒钟，这个过程中胳膊也要上下摆动。如此反复。

➌ 蜷曲动作（Curling Action）

蜷曲动作就是把膝盖屈起来放到胸前，身体呈团状，做出准备前滚翻的姿势。这个动作可以增强腹部肌肉，并且让硬直的脊柱得到舒缓，富有弹性，还可以提高整个身体机能的平衡。

坐在地上，双腿并拢，然后用双手抓住脚腕。此时以臀部为重心，双脚离地，整个身体微微往后躺，就像用双手把脚提起来一样。这个时候身体呈蜷曲团状，视线放在两个膝盖正中间。身体找准重心，保持住平衡。

然后开始吸气。吸气的同时双手勾住大腿，身体开始慢慢往后躺，这时会感觉到腹肌正在发力。整个背部和地面接触之后，保持肩部、颈部、头部向上抬起，与地面保持45°角。

最后是吐气。吐气的同时身体慢慢地往上抬起，这时也能感受到腹肌的发力。最后回到开始的姿势。如此反复。

4 折叠动作（Folding Action）

折叠动作是普拉提的一个重要基本动作，这个动作可以强化脊椎周围的肌肉群，提高脊椎的柔韧性，还可以增强腹部的肌肉以及锻炼身体的平衡能力。

反复10次

身体平躺，胳膊伸直放在骨盆两侧，双腿并拢然后抬起，大腿和上身，小腿和大腿都保持直角。

开始缓慢而平稳地吸气和吐气，在此过程中，双腿伸直并拢，然后抬高，向头顶的方向抬起。此时臀部、背部、腹部和肩部的肌肉群同时发力，臀部和背部也慢慢地抬离地面，最后双腿和上身呈90°直角。

脚继续向头顶方向抬，当双脚完全抬过头顶之后，一边吸气，同时双腿分开，大概分到与肩膀同宽。

开始吐气。吐气的同时身体慢慢地往下放。在这个过程中，要感到自己的脊椎骨像是从弯曲状态一节一节地伸直一样，背部要一点一点地贴住地面。最后，将颈椎到尾椎骨（整个背部）平直地躺在地面上，此时双腿和地面呈45°角。然后腿和身体再抬高、再放下，如此反复。

5 燕式跳水动作（Swallow Diving）

燕式跳水动作可以让胸椎和脊椎得到伸展，对塑造匀称的身形很有帮助，对上半身有拉提和伸展的作用，也有助于强化心肺功能。

反复10次

身体做趴卧状，双手放在胸部两侧，撑住地面。在吸气和吐气的同时，胳膊和背部肌肉群发力，把上半身往上挺。

上半身持续往上挺，直到胳膊可以伸直。此时只有腿和骨盆前部贴住地面，整个上半身已经离开地面，身体呈倒彩虹姿态。

背部肌肉持续发力，保持倒彩虹姿态。开始吐气。在吐气的同时，上半身随着胳膊的弯曲慢慢往下放，同时双腿离开地面向上抬高，身体保持倒彩虹姿态。当肚脐部位贴住地面时，上半身停止下放。

开始吸气。在吸气的同时，胳膊重新伸直，上半身重新往上挺，腿部重新往下放。如此反复。

为身体普拉提定制的健康食谱

星期	早餐	上午加餐	午餐	下午加餐	晚餐
一	1个煮红薯 1杯低脂牛奶 10个小西红柿	半个梨	烤鱼 白米饭	半个 苹果	半碗糙米饭 半碗墨鱼萝卜汤 1个煎鸡蛋 1小碟泡白菜 1个橘子
二	50克早餐麦片 1杯低脂牛奶 10个小西红柿	半个梨	烤鱼 白米饭	半个 苹果	半碗糙米饭 半碟炒墨鱼 1个煎鸡蛋 1小碟泡白菜 1个橘子
三	1片鸡肉三明治 1盘生菜沙拉 1杯西红柿榨汁	1杯低脂 牛奶	烤鱼 白米饭	半个 苹果	半碗糙米饭 半条煮墨鱼 1个煎鸡蛋 1小碟泡白菜 1个橘子
四	1个煮红薯 1杯低脂牛奶 10个小西红柿	1杯低脂 牛奶	烤鱼 白米饭	半个 苹果	半碗糙米饭 半碗墨鱼萝卜汤 1个煎鸡蛋 1小碟泡白菜 1个橘子
五	50克早餐麦片 1杯低脂牛奶 10个小西红柿	1杯低脂 牛奶	烤鱼 白米饭	半个 苹果	半碗糙米饭 半碟炒墨鱼 1个煎鸡蛋 1小碟泡白菜 1个橘子
六	1份鸡肉三明治 1盘生菜沙拉 1杯西红柿榨汁	1杯低脂 牛奶	自由调配饮食	半个 苹果	半碗糙米饭 半条煮墨鱼 1个煎鸡蛋 1小碟泡白菜 1个橘子
日	50克早餐麦片 1杯低脂牛奶 10个小西红柿	1杯低脂 牛奶	烤鱼 白米饭	半个 苹果	半碗糙米饭 半碟炒墨鱼 1个煎鸡蛋 1小碟泡白菜 1个橘子

要点：这份食谱的特点是：高蛋白，低碳水化合物，丰富的牛磺酸。

　　牛磺酸是很多滋养补品的主要成分，对于消除疲劳和恢复身体活力很有帮助。牛磺酸在墨鱼中的含量尤其高，墨鱼中含量是牛肉的16倍，牛奶的47倍，对于运动后消除肌肉的疲劳是很好的选择。

第**1**周

脸部缩小篇

塑造瘦削紧致、具有和谐美感的面庞

以现代人的审美观，是否拥有精致的V字形线条的脸庞，是评价一个女性是不是美女的重要标准。在这一篇中，我们将会教你如何舒缓脸部肌肤底层的大块肌肉，使它们变小；如何使老化松弛的脸部肌肤恢复弹性；如何塑造美丽精致的面部线条。

第1周

第1天

脸部位的缩小

　　脸部颧骨的肌肉轮廓如果恰到好处的话，不仅可以提升整个面部的立体感和线条感，还能造就充满魅力的"苹果肌"。但如果颧骨部位的肌肉过于突出的话，不仅会让人觉得比较野性，更重要的是会给人以脾气不好、难以接近的感觉。用木质按摩球对包住颧骨的肌肉组织进行按摩，不仅会使高突的、硬硬的肌肉块变得舒缓，还会促进代谢废物的排出，让脸庞变得精巧、细致、柔美、有弹性。

※ **需要准备的运动器具**：勺子、木质按摩球。
※ **运动次数**：凡图右上角未标注次数的一般只需做一次。

重复3次

　　先搓手，待手掌发热后，把手掌的"感情线"部位，也就是除大拇指之外的四个指头和手心之间的突起部位按压在颧骨肌肉上，持续按压5秒钟。与此同时，稍微低头，使手掌和颧骨肌肉之间有一个相互的挤压感。

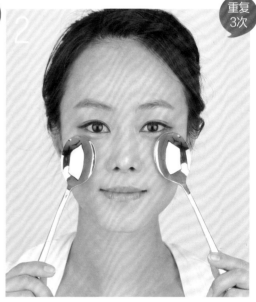

重复3次

　　保持普拉提呼吸，用不锈钢勺子的凸起面按压住颧骨肌肉，然后吐气，同时用勺子在颧骨肌肉上做顺时针和逆时针的画圈运动。和用手掌一样，要使勺子和颧骨肌肉之间有一个相互的挤压感。

!

　　用木质按摩球进行上下方向的按摩，当按摩球从下往上滚动时，力度要大一些；当按摩球从上往下滚动的时候，力度要小一些。因为从上往下滚动时如果力度过大，会使脸部线条下垂。这一点请务必注意。

34

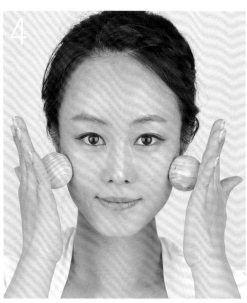

保持普拉提呼吸，把木质按摩球按压在颧骨肌肉上，按照顺时针、逆时针的方向做画圈运动。

保持普拉提呼吸，在吐气时，从鼻翼两侧开始，用木质按摩球向着太阳穴的方向做U字形的滚动按摩。在按摩过程中，要使按摩球对颧骨肌肉有一种向上的拉提感。

把两个按摩球同时放在一侧的颧骨肌肉上，用手按压住。保持普拉提呼吸，让两个按摩球朝着眼睛的方向进行滚动按摩。

用凉凉的手掌贴住颧骨肌肉，然后朝着耳朵的方向，轻轻地抚摩过去。到达耳朵处之后，再朝下，轻轻抚摩至脖根的位置。或者用冰过的凉勺子，把凹陷的一面贴在颧骨肌肉上，进行冷敷。

侧脸部位的缩小

方下巴、侧脸轮廓线条粗犷、侧脸肌肉过于发达，是让我们看上去有一张大脸的重要原因，在东方人种脸上体现得尤为明显。过于突出的侧脸轮廓和肌肉，不仅不美观，还会使女性的脸部看上去很男性化。用木质按摩球和不锈钢勺子，从耳朵旁边开始，到眼角下方的侧脸区域进行按摩运动，可以塑造精致流畅的侧脸线条。

＊ 需要准备的运动器具：勺子、木质按摩球。
＊ 运动次数：凡图右上角未标注次数的一般只需做一次。

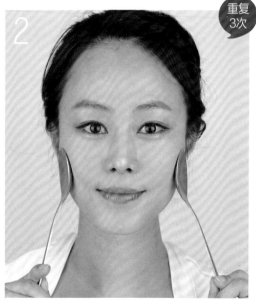

重复
3次

先搓手，待手掌发热。保持普拉提呼吸，把手掌贴在侧脸位置上，持续按压5秒钟。按压的同时，保持稍微低头的状态，让手掌对侧脸肌肉有一种向上提拉的感觉。

用勺子的凸起面对侧脸部位上方和下方的肌肉分别进行按压，按压的同时要使勺子对侧脸肌肉有一种向上的提拉感。

在做侧脸运动时，如果仅局限于侧脸，显效过程可能比较缓慢。因为我们的面部是一个整体，各个部位的肌肉群是相互牵连、相互影响的。在做面部普拉提运动时，如果同时也能照顾到侧脸周围其他区域，会取得更好的效果。

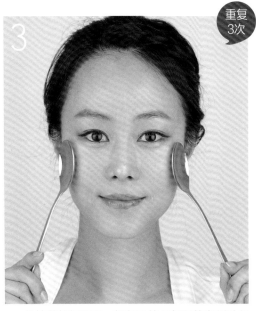

重复3次

保持普拉提呼吸，把勺子的凸起面放在侧脸部位，顺着侧脸线条进行按压。

保持普拉提呼吸，把木质按摩球按压在侧脸部位上，进行C字形滚动。

重复3次

保持普拉提呼吸，把木质按摩球按压在侧脸部位，然后向太阳穴位置做S形滚动。到达太阳穴位置后，再重新作S形滚动回到侧脸部位。如此反复。

把凉凉的手掌贴在侧脸部，向耳朵根的方向做轻轻地抚摩动作，要有一种好像把侧脸肌肉向上提拉的感觉。然后从耳朵根开始，向脖根的方向继续做轻轻地抚摩动作，到脖根处的淋巴结部位结束。

咀嚼肌部位的缩小

很多人认为，造成方下巴的原因是下颌骨的骨型比较方正，棱角比较突出。虽有这方面的原因，但这种情况只是少数。大部分人是因为从小到大习惯性地用手托着下巴，经常吃一些坚硬的、不易咀嚼的食物。天长日久，就会造成下巴部位的咀嚼肌过于发达，从而使下巴看上去方方正正的。要解决这个问题，可以通过普拉提弹力带和木质按摩球，对过于发达的咀嚼肌做舒缓运动，使肌肉块缩小，线条变得精致。

※ 需要准备的运动器具：普拉提弹力带、木质按摩球。
※ 运动次数：凡图右上角未标注次数的一般只需做一次。

重复
3次

保持普拉提呼吸。先搓手，待手掌发热后把手掌上半部按压在下巴处因咀嚼肌发达而突出的部位。把头向前探的同时，手掌保持按压状态不动，这样自然会给下巴肌肉一个向后推挤的感觉。按压时间持续5秒钟。

重复
3次

把普拉提弹力带对折，让带子变窄，然后勾住整个下巴。在吐气的同时，双手抓住弹力带往上提拉，使弹力带被拉长。如果只是脸部一侧的咀嚼肌发达的话，可以一只手抓住弹力带保持不动，另一只手单独对肌肉发达的一侧进行弹力带提拉。双手提拉和单手提拉都要持续5秒钟。

1

在方下巴缩小运动开始前，要先对着镜子仔细观察，看看自己的下巴到底是哪一侧咀嚼肌更发达一点，这样在运动中可以有针对性地多按压肌肉更发达的一侧，以免出现虽然缩小了方下巴，但依然有脸两侧不对称的情况。

保持普拉提呼吸，双手拿住木质按摩球，放在咀嚼肌位于耳朵根的起点处（咬紧上下牙齿，嘴部紧闭的时候，下巴两侧用手可以明显感觉到变硬和凸起的肌肉就是咀嚼肌）。向着下巴的方向边移动边按压，按压持续3秒钟。在吐气的时候，重新向着耳朵根的方向边移动边按压，按压持续3秒钟。

用手掌把木质按摩球按压在侧下巴部位上，做V字形滚动按摩。当按摩球经过V字形的最低点开始向上滚动时，要让下巴肌肉感受到一种向上的提拉感。如此反复。再把木质按摩球按压在咀嚼肌位置上，同样做V字形滚动，向上滚动时要让咀嚼肌感受到提拉感。如此反复。

把两个木质按摩球同时按压在一侧的下巴部位，做反复的滚动按摩动作。在肌肉比较发达的咀嚼肌位置，适当加大按摩的力度。

用凉凉的手掌包住下巴，向着耳朵根方向做轻柔的抚摩运动。然后从耳朵根位置开始，到下方脖根处的淋巴结部位为止，继续做轻柔的抚摩运动。

下巴部位的缩小

厚实的、肉鼓鼓的下巴，从面相学的角度来看是一种吉相，但难免也会给人以年龄大、没有精神、缺乏朝气的感觉。在下巴缩小的运动中，通过使用木质按摩球和普拉提弹力带来消除下巴部位的浮肿，促进下巴肌肉的运动，塑造精美的V字形线条。

※ 需要准备的运动器具：普拉提弹力带、木质按摩球。

※ 运动次数：凡图右上角未标注次数的一般只需做一次。

重复
3~5次

重复
3次

先搓手，待手掌发热。保持普拉提呼吸。手分别放在下巴两侧，食指和中指分开一定角度，正好把下颌骨卡在手的食指和中指之间。向着耳朵根的方向做向上提拉的动作。如此反复。

把普拉提弹力带对折使之变窄。用下巴勾住弹力带（要让弹力带包住下巴），然后在吐气的同时，双手抓住弹力带的两端向上提拉，进行下巴肌肉拉伸运动。

在用普拉提弹力带对下巴肌肉进行提拉运动时，注意不能让弹力带和下巴之间产生摩擦和滑动，更不能让弹力带越过整个下巴滑到脸上来。掌握好角度，头部要稍微往下低埋一些。

重复 3次

双手拿住木质按摩球，放在下巴中央位置。保持普拉提呼吸，然后沿着下巴两侧进行按压。如此反复。

重复 10次

同时把两个木质按摩球按压在一侧的下颚中间位置，向着耳朵根方向滚动。两个按摩球要分别沿着下颚骨线条的两侧进行滚动。

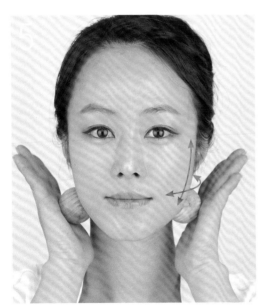

保持普拉提呼吸。把木质按摩球放在耳朵前方，太阳穴向下一点的位置，然后向着下颚的方向做上下往复滚动，再把按摩球放在耳朵根向下一点的位置，向着嘴角的位置做横向往复滚动。两个往复动作分别重复10次以上。

用凉凉的手掌把整个下巴线条包住，然后向着耳朵的方向对下巴肌肉进行一个提拉运动。然后再从颈部上端开始，向着锁骨线条的位置抚摩下去，在锁骨处结束动作。

脸部轮廓的缩小

第1周

第5~6天

是否拥有线条柔顺、精致的脸型，是现代审美观衡量一个女性是不是美女的标尺。通过面部轮廓缩小运动，同时还可以消除脸部浮肿，塑造具有立体感的精致五官以及柔顺的脸部线条，让你拥有从任何角度看都无可挑剔的完美面部轮廓。

※ 需要准备的运动器具：木质按摩球、普拉提弹力带。
※ 运动次数：凡图右上角未标注次数的一般只需做一次。

重复
3次

先搓手，待手掌发热。保持普拉提呼吸，然后从颈部开始慢慢往上，经过整个脸部，最后到发际线处停下，用手对颈部和脸部肌肉群做向上提拉的运动。然后对整个发际线做持续10秒钟的按压。

保持普拉提呼吸，头部向后仰一定角度，用普拉提弹力带勾住后颈部。双手抓住弹力带的两端，在吐气的同时，双手向前上方拉，对后颈部做提拉运动。

!
用普拉提按摩球按照特定的轨迹，对脸部和嘴唇周边肌肉群进行滚动按摩，对塑造精致立体的五官是很重要的。嘴唇周边部位，可以沿着法令纹的纹路，做C字形滚动按摩；脸部可以做V字形的滚动按摩。

重复10次

　　保持普拉提呼吸，用木质按摩球对咀嚼肌肌肉群进行C字形滚动按摩。

重复10次

　　保持普拉提呼吸，把木质按摩球放在鼻翼两侧，沿着脸部的线条做V字形滚动按摩。在吐气时，按摩球要向上做滚动按摩，滚动的同时要稍稍加大按压力度。

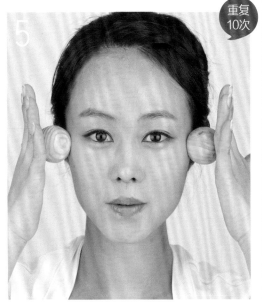

重复10次

　　把木质按摩球放在两侧太阳穴位置上，做S形滚动按摩。

　　用凉凉的手掌包住整个脸部，轻轻地进行按压。然后向着耳朵根方向轻轻地抚摩过去。再从耳朵根处开始，顺着颈部向下抚摩，到淋巴结处停住。

长下巴部位的缩小

下巴的长度非常影响颜值。根据一份对多名拥有"童颜"的女演员的脸部分析，结果发现这些女演员的下巴长度，要小于一般人的平均值。有一部分人因为下巴关节部位存在一些问题，必须要借助整形手术，但也有些其实是因为下巴部位的浮肿现象导致下巴看上去很长，或下巴部位肌肉较发达，导致肌肉突出，从而看上去很长。我们可以通过面部普拉提的长下巴缩小运动，对长下巴进行矫正。

＊ 需要准备的运动器具：木质按摩球、普拉提弹力带、热毛巾、凉毛巾。
＊ 运动次数：凡图右上角未标注次数的一般只需做一次。

重复
10次

重复
10次

在吸气和吐气过程中，保持嘴部张大呈圆形，然后控制肌肉，让突出来的下巴向后缩。

保持普拉提呼吸，把热毛巾敷在下巴部位，在吐气的同时，隔着热毛巾对下巴进行按压。

！
在用木质按摩球对下巴进行按摩运动时，要按照规定的次数和方式来进行。不科学的方式和次数会给下巴关节造成不必要的负担和损伤，一定不要急于求成，要保持久久为功的心态。

用普拉提弹力带把整个下巴部位包住，在吐气时，双手抓住弹力带的两端然后相互交叉，使弹力带保持在被拉伸的状态。低头，视线朝向前下方，双手把普拉提弹力带向后上方提拉，使弹力带对下巴肌肉有一个向后的拉力。如此反复。

保持普拉提呼吸，双手把木质按摩球放在下巴部位。在吸气时，用按摩球对下巴的突出部位进行按压。在吐气时，用按摩球对下巴部位进行上下滚动按摩。如此反复。

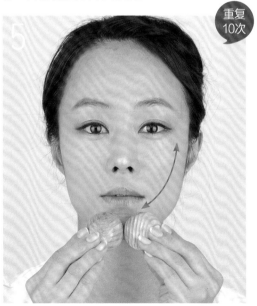

保持普拉提呼吸，在吸气时，用木质按摩球在下巴部位做O字形滚动按摩；在吐气时，按照下巴部位、脸部的顺序，对肌肉进行V字形的滚动按摩。

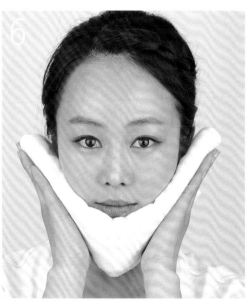

把凉毛巾敷在整个下巴部位上，隔着毛巾用手指对下巴部位进行按压，使肌肉和皮肤得到舒缓。

脸部缩小篇健康食谱计划

星期	早餐	上午加餐	午餐	下午加餐	晚餐
一	半碗糙米饭 半碗明太鱼汤 半碟凉拌菠菜 半碟泡韭菜 1杯苹果汁	1杯 低脂 牛奶	三文鱼、三明治&金枪鱼、三明治 （可用其他鱼类代替） 1个红薯	半个 苹果	半碗大麦饭 半碗白菜帮汤 3片酱牛肉 醋拌桔梗 1个橘子
二	半碗糙米饭 半碗田螺大酱汤 半小碟蔬菜炒豆腐 半碟豆芽 1杯苹果汁	1杯 低脂 牛奶	三文鱼、三明治&金枪鱼、三明治 （可用其他鱼类代替） 1个红薯	半个 苹果	半碗大麦饭 半碗清淡的牛肉萝卜汤 半碟炒蘑菇 一小碟泡白菜 1个橘子
三	1片鸡肉三明治 一盘生菜沙拉 1杯苹果汁	1杯 低脂 牛奶	三文鱼、三明治&金枪鱼、三明治 （可用其他鱼类代替） 1个红薯	半个 苹果	半碗大麦饭 半碗辣味石斑鱼汤（清汤） 半碟香菇 一小碟泡白菜 1个橘子
四	半碗糙米饭 半碗萝卜大酱汤 小半碗蒸鸡蛋 一小碟泡白菜 1杯苹果汁	1杯 低脂 牛奶	三文鱼、三明治&金枪鱼、三明治 （可用其他鱼类代替） 1个红薯	半个 苹果	半碗大麦饭 半碗泡菜汤 1条烤黄花鱼 一小碟泡白菜 1个橘子
五	半碗糙米饭 半碗嫩豆腐汤 半碟凉拌海带 半碟酱辣椒 1杯苹果汁	1杯 低脂 牛奶	三文鱼、三明治&金枪鱼、三明治 （可用其他鱼类代替） 1个红薯	半个 苹果	半碗大麦饭 半碗田螺大酱汤 半碟炒蘑菇 一小碟泡白菜 1个橘子
六	1片全麦面包三明治 2个炒鸡蛋 1杯苹果汁	1杯 低脂 牛奶	自由搭配饮食	半个 苹果	半碗大麦饭 炖明太鱼汤 半碟金枪鱼炒泡菜 半碟凉拌菠菜 1个橘子
日	半碗糙米饭 半碗芋头汤 2个煎鸡蛋 半碗凉拌芹菜 1杯苹果汁	1杯 低脂 牛奶	1	半个 苹果	半碗大麦饭 半碗大酱汤 3片酱牛肉 半碟泡白菜 1个橘子

要点：排出体内多余的钠，有效预防浮肿。

苹果或西兰花富含钾，钾可以有效促进身体排出多余的钠，对预防脸部浮肿有很好的效果。

脸部缩小篇健康食谱提示

较之其他水果，苹果含钾更丰富，可以帮助身体排出多余的钠，从而有效预防皮肤浮肿。不仅如此，苹果对于肤质的改善也很有帮助。糙米没有去除胚芽和米糠，因此含有丰富的维生素B_1和维生素B_2、蛋白质、脂肪、无机物、植物性纤维等，可以说是接近于全能的食物。尤其是米糠中含有丰富的植物性纤维，可以促进肠蠕动，有效预防便秘，可以改善面部气色，消除面部浮肿。

脸部缩小篇美容提示

在已经被医学证明有切实效果的香草种类里，薰衣草和面部普拉提可以说是绝配。薰衣草可以有效地缓解肌肤的紧张和疲劳，促进代谢废物的排出，有效预防皮肤浮肿。在开始做面部普拉提之前，先搽上含有薰衣草成分的营养面霜，可以有效促进皮肤代谢废物的排出；运动结束后再搽一次，可以缓解因运动而造成的肌肉疲劳，让脸部肌肉彻底放轻松。

自我效果评价检查清单

1. 一周做3次以上的脸部缩小面部普拉提。　　　　　　Yes □　　No □
2. 做面部普拉提的同时配合使用功效性护肤品。　　　　Yes □　　No □
3. 一周有3次以上按照面部普拉提健康食谱来搭配饮食。　Yes □　　No □
4. 原来粗犷的脸部线条变得柔美精致了。　　　　　　　Yes □　　No □
5. 早晨起来后浮肿比以前减轻了。　　　　　　　　　　Yes □　　No □
6. 五官变得比以前更加精致了。　　　　　　　　　　　Yes □　　No □
7. 扎马尾辫的时候下巴部位显得比以前收敛了。　　　　Yes □　　No □
8. 笑的时候V字形的下巴轮廓显露出来了。　　　　　　Yes □　　No □
9. 平平的脸变得更加有立体感了。　　　　　　　　　　Yes □　　No □
10. 下巴和脸颊变得更加有弹性了。　　　　　　　　　　Yes □　　No □

Yes=10分；　No=5分

如果此次自我测评得分在70分以上，就可以进行第2周的运动；如果得分不足50分，需要重复做第1周的运动。

第2周

脸部不对称篇
塑造对称和谐之美的面庞

　　大部分人在生活当中多少都有一些不正确的饮食习惯和不科学的动作姿态（站姿、坐姿等），由此而造成的脸部不对称问题很多。本篇会教给大家，如何通过面部普拉提运动，对颈部和肩部进行矫正；通过对颈部和肩部的矫正运动，有效改善脸部的不对称问题。

第2周

第1天

不对称颈部线条的矫正

　　长时间坐在电脑前或长时间低头使用智能手机，颈椎长期处在弯曲状态，由此而引发颈椎侧弯可以说是现代人的标志性疾病了。而颈椎的姿态问题，也正是造成脸部不对称的根本原因。通过面部普拉提的拉伸和肌肉运动，塑造挺拔的颈部线条，从而可以改善脸部的不对称问题。

＊ 需要准备的运动器具：普拉提弹力带、木质按摩球。

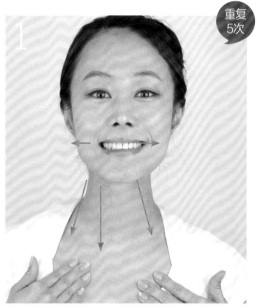

重复
5次

保持普拉提呼吸。在吸气的时候，上牙和下牙咬紧，把嘴唇较大幅度的向两边咧，直到露出上牙为止。在吐气时，双手从颈部的最上端开始，到锁骨为止，对颈部肌肉做向下拖拉的运动，要让颈部肌肉有一种向下的被拉扯感。

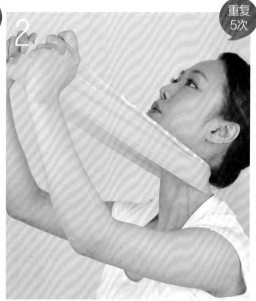

重复
5次

保持普拉提呼吸，头部做一定角度的上抬，用普拉提弹力带勾住后颈部。在吸气时，双手抓住弹力带两端向前拉。在吐气时，双手卸力，弹力带回缩。

　　在第3图的普拉提弹力带动作中，缠绕住脖子的弹力带一端的拉伸方向，必须与视线的方向相反。如果弹力带的拉伸方向与视线的方向相同，被弹力带缠绕的一侧肌肉就得不到锻炼，不对称问题也就得不到改善。

50

重复 3次

保持普拉提呼吸，用普拉提弹力带勾住后颈部。吸气时，视线朝正前方，双手抓住弹力带的两端，维持向正前方的拉伸状态。吐气时，头微微右转，视线随着右转。右手的弹力带绕过颈部向左方拉伸；同时左手的弹力带绕过左耳，向斜上方拉伸。

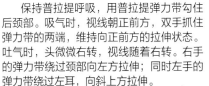

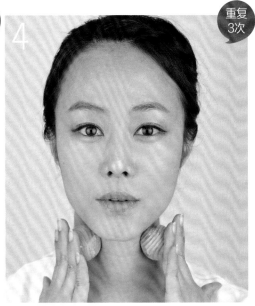

重复 3次

保持普拉提呼吸，双手把木质按摩球按压在颈部最上端，用按摩球对整个颈部进行上下方向的滚动按摩。

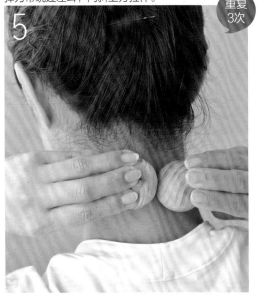

重复 3次

保持普拉提呼吸，双手把木质按摩球按压在颈椎部位，进行滚动按摩。

重复 3次

保持普拉提呼吸，双手把木质按摩球放在颈椎中段，头部做一定角度的后仰，让颈部肌肉得到舒展，然后用木质按摩球进行按压。视线朝向前上方。

不对称肩部线条的矫正

拥有匀称挺拔的肩部线条是决定着装是否好看的一个重要前提。但是，由于人们在日常生活中的一些错误姿势，比如长期用一侧肩膀背包，用一侧胳膊提重物等，往往会造成肩部歪斜不对称。通过面部普拉提肩部线条的矫正运动，可使肩膀重新变得标准匀称，塑造成美丽的肩部线条。

※ 需要准备的运动器具：普拉提弹力带、木质按摩球。

重复
5次

重复
10次

保持普拉提呼吸，双手放在两侧的肋骨部位。在吸气时，把双肩向上提；吐气时，把双肩向后下方伸。如此反复。同时用双手感受吸气和吐气过程中肋骨的扩张和收缩。

保持普拉提呼吸，双手抓住普拉提弹力带的两端，水平放在胸前。在吸气时，胳膊抬高，使弹力带越过头顶。吐气时，胳膊放低，弹力带重新回到胸前位置。如此反复。

在进行普拉提弹力带运动时，两只胳膊的抬高、放低要同时进行，始终保持在一条水平线上；否则的话，双肩的肌肉得不到同等程度的锻炼，会影响运动的效果。在运动过程中请随时提醒自己：确保两只胳膊在同一条水平线上。

把普拉提弹力带放在背部，一只手越过肩膀向后伸，抓住弹力带的上端；另一只手绕过腰部，抓住弹力带的下端。弹力带贴住背部，与地面垂直。上面的手抓住弹力带保持不动，下面的手竖直向下拉伸弹力带。如此反复。

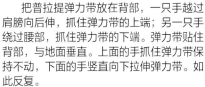

重复 5次

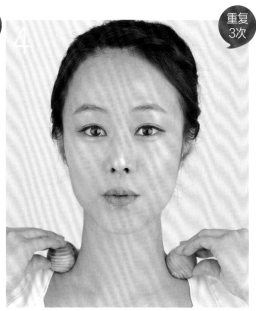

重复 3次

双手捏住木质按摩球，对颈部、肩部、锁骨线条进行轻柔的转动并按压。

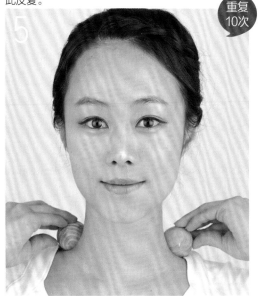

重复 10次

保持普拉提呼吸，用木质按摩球对两侧颈部进行轻柔的上下滚动按摩。然后把木质按摩球放在斜方肌位置上，进行前后滚动按摩。

重复 3次

保持普拉提呼吸，在吸气时，找到平时耸肩的那种感觉，把双肩向上提；吐气时，双肩放松，重新放下来。

不对称眉毛部位的矫正

很多女性朋友应该有过这样的经历：早晨起床化妆时，明明很仔细地在描眉毛，哪想到描完后再仔细照镜子，发现还是画歪了——两边眉毛不对称，然后又开始重新补描。面部普拉提可以充分带动眉毛周围的肌肉运动，使不对称的眉毛部位得到矫正，由此勾勒出左右对称的美丽眉毛。

※ 需要准备的运动器具：木质按摩球。

重复
3次

保持普拉提呼吸，把双手中指放在眉心位置上，按照"之"字形轨迹向着两侧太阳穴的位置进行按压，到太阳穴处停下。

重复
3次

用大拇指和食指上下捏住前额处的眉毛部位肌肉，按照"捏紧、松开，捏紧、松开"的顺序，进行拿捏。如此反复。

如果之前在额头和眉心的位置进行过填充物植入或自体脂肪植入的整形手术，在进行第2步眉毛部位的肌肉运动时，一定要尽可能轻地对眉毛部位的肌肉进行拿捏。如果力度过大，很可能会造成植入物的变形。建议在手术做完3个月后再进行脸部普拉提运动。

重复
3次

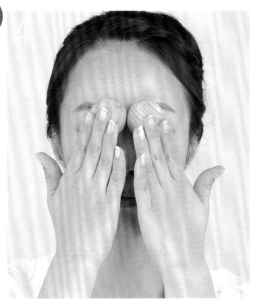

保持普拉提呼吸，把木质按摩球分别放在鼻翼两侧。在吐气时，让按摩球顺着脸颊向上滚动，过了眉心之后停下，然后沿着眉毛分别向两侧进行滚动按摩。

保持普拉提呼吸，把木质按摩球分别放在上眼皮的位置，沿着上眼眶的轮廓进行3秒钟的按压。

第2周

第4天

不对称鼻梁线条的矫正

　　鼻梁位于面部正中央，也被称作面部中轴。如果鼻梁线条不对称，就会造成整个脸部看上去不对称。通过鼻梁部位、眉心部位等面部普拉提肌肉运动，打造笔直挺拔的鼻梁，让你重拾自信。

＊ 需要准备的运动器具：木质按摩球。

重复
3次

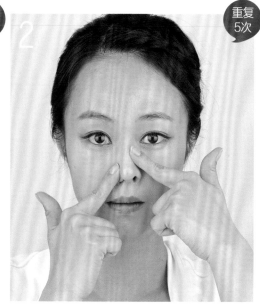

重复
5次

　　保持普拉提呼吸，双手中指分别按压在鼻梁两侧的中段位置，然后对鼻梁肌肉做一个向上的推挤的动作并保持10秒钟。在吐气的同时，加大按压力度。

　　保持普拉提呼吸，双手食指分别放在鼻梁上下两侧，然后按照"之"字形轨迹，对鼻梁肌肉做向上提拉的动作。

!　　和额头部位一样，如果之前在鼻部也做过整形术，在运动过程中力度一定要尽可能的轻，而且要减少运动次数。建议最好在手术3个月之后再开始本运动。

把木质按摩球分别放在鼻梁的最下端，顺着鼻梁做上下方向的滚动按摩。

把木质按摩球按压在脸颊部，然后向着鼻梁的方向进行滚动按摩。滚动过程中手要施加一定力度，让脸部肌肉有一种被推挤到鼻梁处的感觉。

第5天

不对称嘴唇线条的矫正

歪斜不对称的唇部线条不仅给人以终日郁闷不乐的感觉，还会影响面部的整体观感。除了有一部分人是因为牙齿的排列或齿形等原因导致嘴唇不对称之外，很多人其实是因为唇部肌肉的不对称造成的。通过面部普拉提运动，打造美丽的唇部线条，帮你找回耐看的笑容和自信。

※ **需要准备的运动器具：** 木质按摩球。

※ **运动次数：** 凡图右上角未标注次数的一般只需做一次。

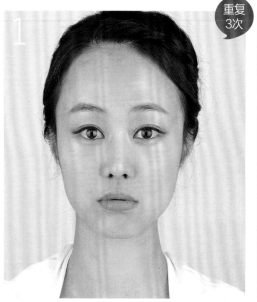

重复
3次

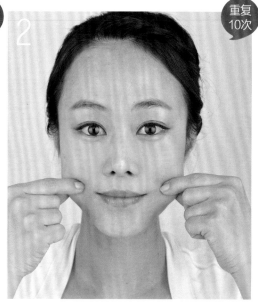

重复
10次

上下唇肌肉放松，然后向外吐气，让气流带动上下嘴唇微微地颤动，消除嘴部肌肉的紧张感。

用大拇指和食指对嘴角两侧的肌肉部位做"捏"和"拧"的动作。如此反复。

嘴唇周围的肌肤比其他部位的肌肤要敏感得多。做面部普拉提前，建议在嘴唇周围搽上精华营养面霜。运动之后，如果感到嘴唇周围的肌肤有些刺激，可以搽上诸如芦荟胶之类的具有舒缓作用的凝胶。

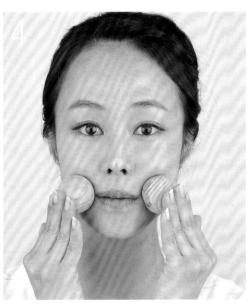

保持普拉提呼吸，用两手食指分别按压在两侧嘴角上。在吐气时，对下垂的一侧嘴角，用食指做一个向上的肌肉提拉运动，另一侧按压住保持不动。

保持普拉提呼吸，用木质按摩球按压在嘴角部位，做上下滚动按摩。做此项练习时注意，应在吐气的同时，将按摩球向上滚动，并且加大按压力度。

不对称侧脸部位的矫正

很多女性朋友在照相时，喜欢用侧脸来面对镜头。而且很多时候并不是因为侧脸面对镜头的时候显得五官更好看，而是因为在镜头前，柔美、精致、匀称、没有肌肉突显的脸部线条看起来才是最有魅力的。通过面部普拉提运动，可以对因为一侧的脸部肌肉过于发达而造成的侧脸不对称的问题进行矫正，为爱美的朋友打造柔美匀称的侧脸线条。

※ 需要准备的运动器具：勺子、木质按摩球、凉毛巾。

重复
5次

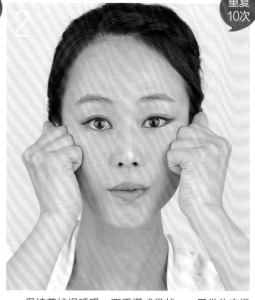

重复
10次

用一只手掌支撑住没有肌肉突显问题的脸一侧，另一只手的大拇指按压在有脸部肌肉突显问题一侧的耳朵前面，用手向耳根的方向做抚摩运动。最后绕过耳根，在耳朵后部停下。整体抚摩轨迹呈U字形。

保持普拉提呼吸，双手攥成拳状。一只拳头支撑住没有脸部肌肉突显问题的一侧，另一只拳头按压在另一侧突显的肌肉上，然后转动拳头，对侧脸肌肉进行揉搓。

在运动的最后，用凉毛巾给脸部做冷敷。这样不仅可以促进肌肉细胞的活性化，还可以促进血液循环。在某些情况下，也可以用热毛巾进行热敷。但在一般情况下这样做，可能会引起皮肤的刺激性反应，所以请尽量使用凉毛巾。

双手攥拳，一只拳头支撑住没有脸部肌肉突显问题的一侧。在有肌肉突显问题的一侧，用另一只拳头的全部第二节手指节的部位，对突出的侧脸肌肉进行向下的抚摩，抚摩过程中要施加一定力度。

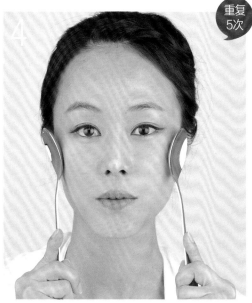

保持普拉提呼吸，用不锈钢勺子的凸起面按压在侧脸部位上。用勺子对有肌肉突出问题的部位做向上或向下的推挤动作，最终使两只勺子的上端在同一条线上，使脸的两侧也处在对称的位置上。

用一只手支撑住没有脸部肌肉突显问题的一侧，另一只手把两个木质按摩球按压在有脸部肌肉突显问题的一侧。先向耳朵的方向进行滚动按摩，到达耳朵前面的位置后，再向上朝着太阳穴的位置做滚动按摩，按摩球的滚动轨迹呈L字形。

一只手放在没有脸部肌肉突显问题的一侧，另一只手隔着凉毛巾放在有脸部肌肉突显问题的一侧，然后两只手一起对侧脸进行按压。

不对称下巴部位的矫正

第2周

第7天

回想一下自己平时的饮食习惯，是不是经常吃一些很硬的食物？是不是在吃东西时经常只用一侧的牙齿咀嚼？这些很少会被留意的不良习惯，往往就是下巴不对称问题的罪魁祸首。面部普拉提运动可以对下巴某一侧过于发达的咀嚼肌进行矫正，打造匀称的下巴线条，同时恢复下巴肌肉的柔软与弹性。

＊ 需要准备的运动器具：木质按摩球、普拉提弹力带。

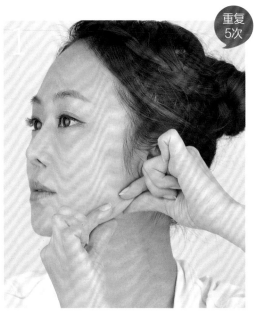

重复
5次

保持普拉提呼吸，用双手拇指和食指捏住不对称一侧的下颌骨部位的肌肉，向上做提拉。

重复
10次

把普拉提弹力带对折使其变窄。双手抓住弹力带的两端，用弹力带勾住下巴。用弹力带包住没有下巴不对称问题的一侧，用手把弹力带的末端固定在头顶上。用弹力带包住有下巴不对称问题的一侧，然后用手向上垂直提拉弹力带的另一端。

在运动前，可以先通过镜子仔细观察下巴部位的不对称情况，针对不对称的部位进行重点训练。并且每天都要仔细观察下巴两侧的部位，看看不对称问题是得到了改善或是没有明显改观，以此随时调整运动的强度和重复次数。下巴不对称矫正的最终目的是获得美观匀称的下巴线条，而不是单纯地缩小某一侧突出的下巴肌肉。因此在运动过程中，不仅要注意观察不对称的下巴一侧，另外一侧下巴的情况也要随时观察。

重复
10次

用一只手把两个木质按摩球同时按压在不对称的下巴一侧。两个按摩球要分别按压在下颌骨轮廓的两侧，然后沿着轮廓线条来回滚动按摩。

重复
10次

用一只手把两个木质按摩球同时按压在咀嚼肌发达的下巴一侧，对咀嚼肌部位进行滚动按摩。

重复
10次

用一只手把两个木质按摩球同时按压在咀嚼肌发达的下巴一侧，从咀嚼肌部位开始，到太阳穴位置停下，用木质按摩球做上下滚动按摩。

重复
5次

单手绕过整个头顶，手贴在有下巴不对称问题的一边。用另一只手顺着下颌骨的轮廓，从下往上对肌肉进行推挤，两手同时对侧脸肌肉做从下往上的提拉。两只手重复上述动作至结束后，双手同时扫过耳朵，在耳朵后面停住，完成收尾动作。

脸部不对称篇健康食谱计划

星期	早餐	上午加餐	午餐	下午加餐	晚餐
一	粗粮糊 2个炒鸡蛋	10颗杏仁 1杯低脂牛奶	三明治（2片杂粮面包、40克低脂奶酪、生菜沙拉、一大勺甜味小黄瓜）	半个苹果	金枪鱼盖饭 海带大酱汤 野韭菜
二	2片杂粮面包 2根低脂肪香肠 生菜沙拉	10颗杏仁 1杯低脂牛奶	半碗糙米饭 半条烤青花鱼 大酱汤 10克凉拌菠菜	1根香蕉	鲜蔬菜拌饭 豆腐泡菜汤
三	2个炒鸡蛋 1根香蕉 1片菠萝	10颗杏仁 1杯低脂牛奶	三明治（2片杂粮面包、40克低脂肪金枪鱼、生菜沙拉、一大勺甜味小黄瓜）	半个苹果	牛肉蔬菜盖饭、鸡蛋汤
四	半杯燕麦片 2根低脂肪香肠	10颗杏仁 1杯低脂牛奶	半碗杂粮饭 200克海带汤 100克酱豆腐	1根香蕉	豆芽泡菜盖浇饭、凉拌生菜、绿豆芽、凉拌野菜
五	1个炒鸡蛋 1片培根 1片奶酪 1片杂粮面包	10颗杏仁 1杯低脂牛奶	三明治（2片杂粮面包、40克低脂肪金枪鱼、生菜沙拉、一大勺甜味小黄瓜）	半个苹果	半碗糙米饭 200克蛤蜊海带汤 20克泡白菜 烤鸡肉 凉拌豆芽
六	半杯燕麦片 2根低脂肪香肠 1杯橘子汁	10颗杏仁 1杯低脂牛奶	自由安排饮食	1根香蕉	半碗杂粮饭 巴非蛤蜊豆芽汤 西兰花沙拉 泡白菜
日	2个炒鸡蛋 1根香蕉 1片菠萝	10颗杏仁 1杯低脂牛奶	三明治（2片杂粮面包、40克低脂肪金枪鱼、生菜沙拉、一大勺甜味小黄瓜）	半个苹果	海鲜盖浇饭 豆芽豆腐汤 100克凉拌茄子 65克菠萝 泡白菜

要点：顺畅的新陈代谢和血液循环是健康的根本。

　　"ω-3"作为脂肪酸的一种，可以预防和减少冠状动脉疾病的发病率，不仅能帮助身体排出多余的钠，还可以改善全身的血液循环和新陈代谢。有时候，面部或身体的不对称问题也和体内的各种代谢循环不畅有一定关系。如能每周摄入富含ω-3的海产品2~3次的话，就可以改善全身循环，从而帮助身体从更深的层次来改善面部的不对称问题。

脸部不对称篇健康食谱提示

在坚果中，杏仁被称作天然的肌肉舒缓剂，具有很好的缓解肌肉僵硬，消除肌肉疲劳的功效。吃杏仁时，可以先放入烤箱或放在平底煎锅上烘烤，把里面的油脂和水分去除掉。这样不仅可以减少油脂的摄入，更加健康，还可使去除水分的杏仁的口感更加爽脆。而爽脆易咀嚼的食物可以最大限度地减少咀嚼肌的"被锻炼"。

脸部不对称篇美容提示

就在不久前，通过皮肤科和整形外科的骨骼修正、抽脂、植入填充物等手术方式来解决面部轮廓不对称问题的做法还是主流。然而最近，一个名为"肌肉再生"的关键词，成了美容界的新宠。肌肉的形态和机能决定了身体的老化程度，因此，从根本上讲，让肌肉获得再生，使肌肉重新恢复原来的状态和机能，才是实现抗衰老的途径。面部普拉提作为首创的脸部抗衰老肌肉运动，激活每一个肌细胞，让老化的肌肉恢复活力，这正是对"肌肉再生"一词的最好阐释。面部普拉提正和每个季度都推出的采用最尖端技术的抗衰老护肤品一起，引领着韩国美容的潮流。

© Facial Pilates

自我效果评价检查清单

1.每周已做3次以上面部普拉提脸部不对称矫正运动。 Yes ☐ No ☐

2.做面部普拉提的同时配合使用功效性护肤品。 Yes ☐ No ☐

3.一周有3次以上按照面部普拉提健康食谱来搭配饮食。 Yes ☐ No ☐

4.通过照镜子观察，发现脸部不对称问题得到了一定程度改善。 Yes ☐ No ☐

5.无论从哪个角度面对镜头，脸部表情也不显得别扭。 Yes ☐ No ☐

6.笑的时候，嘴角不对称问题得到了改善。 Yes ☐ No ☐

7.在脸部保持很自然的表情时候，两个眉毛几乎在同一条线上。 Yes ☐ No ☐

8.两侧鼻翼的位置几乎在同一条线上。 Yes ☐ No ☐

9.长期用手托着下巴，老用一侧的牙齿咀嚼食物，经常跷二郎腿
 等容易导致面部不对称问题的不良习惯有所改正。 Yes ☐ No ☐

10.下巴部位和脸部的肌肉弹性有所改善。 Yes ☐ No ☐

Yes=10分； No=5分

若总分超过70分，请继续进行第3周的运动；若总分不到50分，请重复进行第2周的运动。

第3周

脸部肌肤弹性篇

塑造紧致没有皱纹的面庞

　　脸部皮肤逐渐失去弹性而出现了皱纹和下垂是皮肤老化的最典型表现，也是每一位女性朋友都饱受苦恼的皮肤问题。通过面部普拉提运动，可以让脸部肌肉细胞重新活性化，让松弛下垂的肌肉重新变得紧致，让皮肤重获弹性。正如有句歌词所唱的："像苹果一样的脸蛋"，就让面部普拉提来帮你塑造"像苹果一样光滑的脸蛋"吧！

塑造紧致而有弹性的眼眶

眼眶部位的皮脂腺非常不发达，所以眼眶的肌肤很少得到油脂的滋润。再加上眼眶部位的皮肤非常薄，因此很容易失去弹性从而产生皱纹。通过眼部普拉提（Eye Zone Pilates），使眼眶周围的每一个肌肉细胞重新活性化，塑造美丽有弹性的眼部肌肤。

※ 需要准备的运动器具：木质按摩球、少量挖取护肤品的小刮片（以下简称小刮片）。

重复
3次

保持普拉提呼吸，先搓手，待手掌发热。在吐气时，用手掌上的凸起部分（除大拇指以外）对眼眶部位进行5秒钟以上的按压。

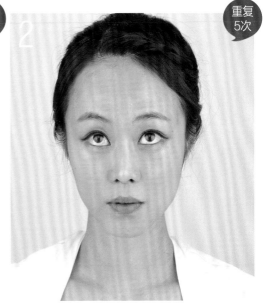

重复
5次

保持普拉提呼吸，在吐气时，眼球适度向上转动，此时要让下眼皮感受到一种被向上提拉的感觉，使眼部肌肉得到舒缓。

在对最敏感和薄弱的眼部肌肤进行眼部普拉提运动时，一定要在眼眶周围搽上眼霜或精油面霜，而且涂抹的量必须是平时的2~3倍。这样可以有效减少运动器具对眼部肌肤的摩擦和刺激。

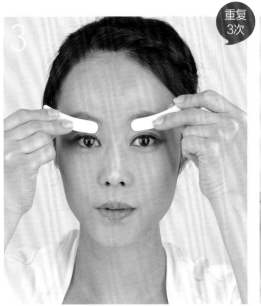

重复
3次

保持普拉提呼吸，用两个小刮片分别顺着上眼眶的轮廓，轻柔地向两边推刮过去。推刮时，轻轻施加一定力度。如此反复。

重复
5次

把两个小刮片分别放在下眼皮稍靠下的位置，然后轻轻地用小刮片拍打这个部位。最后一个重复动作作为整个动作的收尾，把双手食指分别放在最外侧的两个眼角处，然后轻轻地把眼角向上提拉一下。

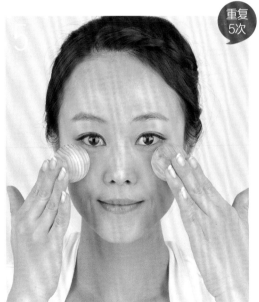

重复
5次

把两个木质按摩球分别按压在下眼眶位置，然后顺着整个眼眶的轮廓做O字形的滚动按摩。滚动时，顺时针方向滚动和逆时针方向滚动交替进行。如此反复。（顺时针一圈，逆时针一圈，两圈加起来为一次）。

重复
3次

眼睛保持睁开，把食指和中指分开放在上眼皮和下眼皮的位置，手指向外方向轻柔地按摩过去，在到达太阳穴的位置后停下来，按压住太阳穴，做3次向上的肌肉提拉。之后食指和中指一前一后往下，食指在耳朵后方的淋巴结位置停下来轻轻按压一下，从这里再顺着耳朵依次到颈部、锁骨结束。如此反复。

第3周

第2天

塑造迷人的唇部线条

充满弹性且线条迷人的嘴唇可以说是女性最为性感的部位之一了。不需要依靠唇线笔的描画来展现唇部的线条，只需通过面部普拉提运动，就可以塑造亮眼且线条迷人的双唇。

※ 需要准备的运动器具：不锈钢勺子、木质按摩球。

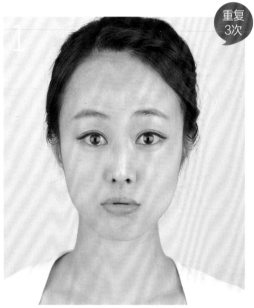

重复3次

嘴部肌肉放松，微微张开嘴，吸一口气。在吐气时，让气流的吹动使上下嘴唇微微地颤动，以此让嘴唇得到放松。

重复5次

保持普拉提呼吸，在吸气时，最大限度地张开口，按照"pa-pia-po-pian-pao-piao-pu-piu-pu-pi（啪-pia-坡-篇-抛-飘-扑-piu-扑-批）"的顺序依次发音。

! 我们在日常说话时的这个张嘴动作，是包括嘴部肌肉在内的整个面部肌肉群共同参与完成的。但是在按照"pa-pia-po-pian-pao-piao-pu-piu-pu-pi"的顺序进行发音时，请尽量只用嘴部周围的肌肉参与动作，其他部位的肌肉群尽量保持不动，这样才可以最大限度地让嘴部肌肉群得到锻炼。

重复
5次

保持普拉提呼吸，将两把不锈钢勺子的凸起面分别放在上下嘴唇上，然后用上面的勺子把上嘴唇向上提，用下面的勺子把下嘴唇向下拉。保持勺子上提和下拉的状态，保持按压3秒钟。

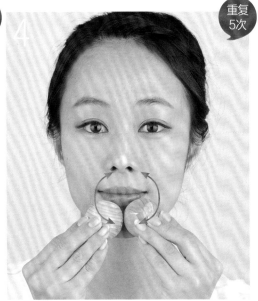

重复
5次

将两个木质按摩球放在下嘴唇再靠下一点的位置，然后分别绕过两个嘴角向着鼻孔的方向做C字形滚动按摩。

重复
5次

保持普拉提呼吸，把两个木质按摩球分别按压在两个嘴角上。从嘴角处开始，到颧骨下面处停下，用按摩球对嘴角部位肌肉做向上的推挤运动。

重复
3次

双手手指分别按压在两个嘴角处，然后朝着耳朵的方向，向上提拉嘴角部位肌肉。提拉结束后，从嘴角处向耳朵根的位置按摩过去，在耳朵根下方停下，然后顺着颈部继续向下按摩。

塑造富有弹性的双颊

失去弹性的、下垂的脸颊，不仅在面容上显得老态，而且还容易给人以满是心机，难以接近的感觉。通过面部普拉提运动，可以使逐渐失去弹性的脸颊肌肉恢复活力，获得再生。塑造"连1毫米的下垂"都不会有的、充满弹性的双颊。

＊ 需要准备的运动器具：木质按摩球。

＊ 运动次数：凡图右上角未标注次数的一般只需做一次。

重复
5次

保持普拉提呼吸，在吸气时，眼睛、鼻孔、嘴做最大限度地张开。在吐气时，恢复到平时的自然状态。

重复
3次

保持普拉提呼吸，在口腔里面，用舌尖按照从上到下，从左到右的方向，舔内侧的脸颊肌肉。

> 在面部普拉提运动中，当涉及"拧"或"捏"的动作时，如果仅对表层的皮肤进行拧或捏，力度传递不到下面的肌肉层，是很难达到较好的效果的。在运动过程中一定要加强按压和拧捏的力度，表层皮肤下面的肌肉层一定要感受到力度，这样才会使衰老的肌细胞重新被激活。运动完之后，如果感到肌肉深层有一种温热的感觉，那么恭喜你，你的运动方法非常正确。

重复
10次

双手的大拇指和食指分别捏住两侧的脸颊肌肉，从下往上做肌肉提拉。

重复
10次

把两个木质按摩球分别放在两条法令纹的最上端，顺着法令纹向下做滚动按摩，到嘴角处停下。从嘴角处向耳朵方向继续做滚动按摩，在耳根处停下；从耳根处重新向法令纹的最上端位置进行滚动按摩。按摩球的滚动轨迹呈O字形。

重复
10次

保持普拉提呼吸，把两个木质按摩球分别按压在鼻翼的两侧，然后向着斜上方的太阳穴位置进行滚动按摩。按摩球的滚动轨迹大致呈U字形。

把凉凉的手掌贴在整个脸颊上，进行冷敷。

第3周

第5天

塑造紧致没有赘肉的下巴

下巴部位是否紧致，有没有赘肉，线条是否明显，是判断一个女性是"姑娘"还是"阿姨"的标准之一。另外，有赘肉的下巴不仅显得脸大，还容易给别人没有精神，一点也不利索的感觉。通过面部普拉提运动，消除恼人的双下巴，让线条变得柔美标致，塑造完美的V字形脸。

※ 需要准备的运动器具：木质按摩球、普拉提弹力带。

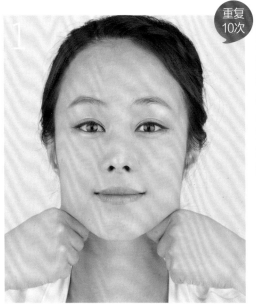

重复
10次

保持普拉提呼吸，双手的大拇指和食指捏住下巴处的赘肉，做拧和捏的动作。

重复
5次

颈部向侧面转大概30°，双手大拇指和食指捏住颈部肌肉，做上下的拧捏动作。然后双手大拇指和食指再捏住下颌处的肌肉，做拧捏动作。

在第3步运动中，用普拉提弹力带对下巴部位肌肉做拉伸运动时，为了获得最佳的运动效果，弹力带拉伸的方向一定要和地面保持垂直。因为无论是弹力带向前上方拉伸还是向后上方拉伸，都很难获得好的效果。

重复
3次

保持普拉提呼吸，头向下低埋到一定角度，用普拉提弹力带勾住下巴，确保弹力带全部包住下巴。双手抓住弹力带的两端，然后用尽量大的力气向上提拉，并保持提拉状态3~4秒钟。提拉的方向要和地面保持垂直。

重复
10次

把按压在下巴前端的木质按摩球顺着两侧下颌骨的轮廓向上做滚动按摩。按摩球的运动轨迹合起来呈V字形。再次把木质按摩球按压在下巴前端，向嘴角的位置做小V字形的滚动按摩。最后把按摩球按压在双下巴处，分别向斜下方做倒V字形滚动按摩。

重复
3次

保持普拉提呼吸，把两个木质按摩球放在双下巴处，然后顺着两侧下颌骨的轮廓，向上慢慢地进行按压。在按压时，要对肌肉有一个向上的推挤。

重复
3次

把凉凉的双手贴在两侧下颌骨轮廓上，双手呈V字形，然后顺着下颌骨的轮廓，向耳朵后面的方向做按摩运动。到达耳朵后面以后，继续顺着颈部向下至锁骨做轻柔的按摩运动。

第3周

第6天

塑造紧致有弹性的额头

如果经常有扬起眉毛或皱眉头的习惯，时间久了额头皮肤会出现皱纹并且失去弹性。失去弹性的额头肌肤也会使整个面部变得松弛和下垂。通过面部普拉提运动，提升额头皮肤的弹性，有效防止皱纹的生成，塑造光滑有弹性的额头皮肤。

✽ **需要准备的运动器具：木质按摩球。**

重复
3次

先搓手，待手掌发热。把手掌贴在整个额头上，用指拇腹对额头肌肤做上下左右的轻柔按摩运动。

重复
3次

保持普拉提呼吸，双手把木质按摩球分别放在发际线的两端，然后向上顺着发际线对额头肌肤进行按压，每次按压持续3秒钟。

额头部位的皮肤和肌肉层比较薄，并且紧贴颅骨。在用木质按摩球做按压时，注意不要力度太大。如果力度过大，容易造成额头部位肌肉的过度疲劳，也会给颅骨部位造成不必要的刺激。

重复
5次

重复
5次

　　把两个木质按摩球放在眉心位置上，向上做滚动按摩。滚动到额头中央位置时，把两个按摩球分别向两边做滚动按摩。两个按摩球的运动轨迹合起来呈T字形。

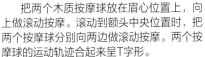

　　把两个木质按摩球放在额头中央位置上，对整个额头部位进行上下方向的滚动按摩。

重复
3次

重复
5次

　　用双手的大拇指和食指尽可能多地捏住眉毛上方的额头肌，然后做上下方向的拧捏动作。再捏住发际线下面的额头肌，做向上的提拉动作，并且要让整个额头皮肤有一种向上的紧绷感。

　　把两只手凉凉的手掌贴在整个额头上，分别对额头肌肤进行左右方向的按摩。

塑造紧致没有皱纹的颈部

虽然通过化妆和脸部整形手术可以在一定程度上掩盖面部肌肤老化，但是颈部肌肤通过这些方法还是无法掩盖住老化现象的，并且依然会很快显现出来。颈部肌肤是需要持续不断地给予护理和保养的。通过面部普拉提运动，可以提升颈部肌肉的弹性，塑造完美的颈部皮肤，有效防止一圈一圈如同"年轮"般的颈部皱纹出现。

※ **需要准备的运动器具:** 不锈钢勺子、普拉提弹力带。

重复
5次

重复
5次

保持普拉提呼吸，双手做抱拳状，把两个大拇指顶在靠近下巴尖的位置。在吐气时，用两个大拇指向上顶，使整个头部后仰，从而让前颈部的肌肉得到拉伸。

保持普拉提呼吸，在吸气时，双手环抱于后脑勺位置，把整个头部向下压，从而让后颈部的肌肉得到拉伸。

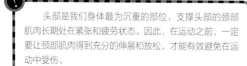

头部是我们身体最为沉重的部位，支撑头部的颈部肌肉长期处在紧张和疲劳状态。因此，在运动之前，一定要让颈部肌肉得到充分的伸展和放松，才能有效避免在运动中受伤。

重复5次

保持普拉提呼吸，用普拉提弹力带勾住后颈部，头部保持一定角度的后仰。在吸气时，双手抓住弹力带的两端，使弹力带保持水平。在吐气时，双手把弹力带向前上方进行拉伸，使后颈部肌肉得到提拉。

重复5次

保持普拉提呼吸，将头部侧向一定角度，先用其中一只手从下到上对侧颈部肌肤进行按摩。再用另一只手从前到后对侧颈部肌肤进行按摩。

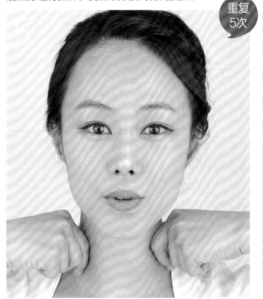

重复5次

用双手大拇指和食指对整个颈部肌肉进行揉捏。

重复3次

把两只不锈钢勺子的凸起面分别贴在侧颈部靠前一点的位置，先对侧颈部肌肉做向下推挤的动作，然后再做向后推挤的动作。

脸部肌肤弹性篇健康食谱计划

星期	早餐	上午加餐	午餐	下午加餐	晚餐
一	1碗粗粮粥 1杯低脂牛奶 2根低脂肪香肠 1杯西柚汁	半个苹果	金枪鱼三明治&鸡胸肉三明治 1杯黑咖啡	1杯橙汁	半碗金枪鱼盖饭 半碗大酱汤 凉拌野韭菜 1个橘子
二	半杯燕麦片 1杯低脂牛奶 2根低脂肪香肠 1杯西柚汁	半个苹果	金枪鱼三明治&鸡胸肉三明治 1杯黑咖啡	1杯橙汁	半碟培根泡菜炒饭 2个煎鸡蛋 一小碟泡白菜 1个橘子
三	1片糙米面包 2个炒鸡蛋 1根低脂肪香肠 1杯西柚汁	半个苹果	金枪鱼三明治&鸡胸肉三明治 1杯黑咖啡	1杯橙汁	半碗豆芽泡菜汤饭 一小碟凉拌生菜 半碟炒鱿鱼 半碟凉拌菠菜 1个橘子
四	一碗粗粮粥 1杯低脂牛奶 2根低脂肪香肠 1杯西柚汁	半个苹果	金枪鱼三明治&鸡胸肉三明治 1杯黑咖啡	1杯橙汁	半碟咖喱饭（牛腱子肉、土豆、洋葱、胡萝卜） 1个煎鸡蛋 一小碟泡白菜 1个橘子
五	半杯燕麦片 1杯低脂牛奶 2根低脂肪香肠 1杯西柚汁	半个苹果	金枪鱼三明治&鸡胸肉三明治 1杯黑咖啡	1杯橙汁	半碗糙米饭 半碟烤鸡肉 什锦包饭（包各种蔬菜） 一小碟泡白菜 1个橘子
六	1片糙米面包 2个炒鸡蛋 一根低脂肪香肠 1杯西柚汁	半个苹果	自由安排饮食	1杯橙汁	半碗大麦饭 南瓜大酱汤 半碟酱豆腐 一小碟泡白菜 1个橘子
日	半碗糙米饭 半碗大酱汤 1/4条金枪鱼 一小碟泡白菜 1杯西柚汁	半个苹果	金枪鱼三明治&鸡胸肉三明治 1杯黑咖啡	1杯橙汁	半碗牛肉蔬菜盖饭 半碗鸡蛋汤 一小碟腌黄瓜 一小碟泡白菜 1个橘子

要点：维生素C有抗氧化的效果。

　　西柚、柠檬、橘子等水果含有丰富的维生素C，维生素C具有很强的抗氧化功效，可改善皮肤皱纹，提升皮肤弹性，有效减缓皮肤老化，减少皮肤色素沉着。

脸部肌肤弹性篇健康食谱提示

　　西柚、橘子、橙子等柑橘类水果含有非常丰富的维生素C，而维生素C具有很强的抗氧化功效，可以美白皮肤、防止皮肤老化、提升肌肤弹性。皮肤老化最典型的表现是肌肤弹性下降和皱纹生成，因此要想从根本上防止皮肤老化，经常摄入富含维生素C的食物是非常必要的。

脸部肌肤弹性篇美容提示

　　要想提升皮肤的弹性，一周2~3次敷用具有提升皮肤弹性功效的面膜是很有必要的。功效性面膜可以帮助皮肤排出毛孔深处的代谢废物，还可以消除浮肿，提升皮肤弹性。植物杀菌素面膜含有从扁柏树中提取出的天然植物杀菌素，可以深层净化皮肤，消除浮肿；其含有一种从火山灰中提取的叫作皂土的天然成分，吸附能力比黄土面膜要高出10倍，可以有效吸附毛孔深处的脏东西和代谢废物，在毛孔缩小方面有很不错的效果。

自我效果评价检查清单

1. 每周坚持做了3次以上的脸部肌肤弹性面部普拉提运动。　　　　Yes ☐　　　No ☐

2. 做面部普拉提的同时配合使用功效性护肤品。　　　　　　　　Yes ☐　　　No ☐

3. 每周有3次以上按照面部普拉提健康食谱来安排饮食。　　　　　Yes ☐　　　No ☐

4. 眼袋部位皮肤的弹性有所改善，并且有变紧致的感觉。　　　　Yes ☐　　　No ☐

5. 面部皮肤的弹性有所改善，捏上去开始有紧致的感觉。　　　　Yes ☐　　　No ☐

6. 和以前相比，笑的时候嘴角开始有上提的感觉。　　　　　　　Yes ☐　　　No ☐

7. 通过镜子观察侧脸时，嘴唇周围的脸颊下垂问题得到改善。　　Yes ☐　　　No ☐

8. 和以前相比，双下巴问题得到改善。　　　　　　　　　　　　Yes ☐　　　No ☐

9. 额头皮肤的弹性和紧致有所提升。　　　　　　　　　　　　　Yes ☐　　　No ☐

10. 和以前相比，颈部的疲劳感有所减轻，皮肤的弹性有所提升。　Yes ☐　　　No ☐

Yes 10分；No 5分

若总分超过70分，请继续进行第4周的运动；若总分不到50分，请重新进行第3周的运动。

第4周

脸部浮肿篇
塑造没有浮肿、线条精致的面庞

  脸部浮肿是由于皮肤内部的新陈代谢不通畅，体内淋巴液或水分不能顺畅地被排出，从而使皮肤变得肿胀的一种现象。尤其是饮食习惯偏辣、偏咸的人，早晨和晚上的脸部浮肿问题更是常见。在本篇中，将会教给大家如何通过面部普拉提运动来有效地消除面部各个部位的浮肿。

快速消除脸部浮肿

在有重要约会或者会见客户的当天，早晨起来后发现脸部浮肿了，这样的情况很多女性朋友都遇到过。以后在这种急迫的情况下，通过几组面部普拉提动作，只需几分钟，就可以很好地缓解脸部浮肿，使脸部的线条轮廓重新显现出来。

＊ 需要准备的运动器具：木质按摩球、凉毛巾。

重复
3次

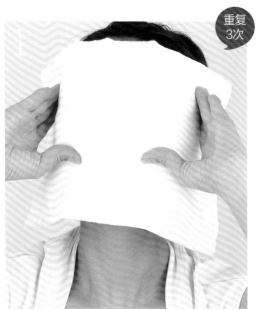

重复
10次

保持普拉提呼吸，把凉毛巾敷在整个面部，用手指分别对眉心部位、面部、下巴部位进行按压。

把两个木质按摩球放在额头中央位置，沿着额头、太阳穴、颧骨的轨迹进行滚动按摩，最后在鼻翼的两侧停下。两个按摩球的运动轨迹合起来大致呈O字形。

木质按摩球运动有助于排出滞留体内的多余淋巴液和水分。我们在做按摩球运动时，一定要保持滚动按摩的流畅性和连贯性。比如我们在按照字母O-W-O-V的轨迹进行滚动按摩的时候，各个运动轨迹之间要衔接起来，这样才能确保最好的运动效果。

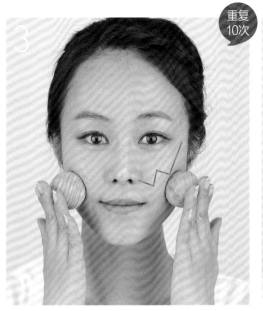

把两个木质按摩球放在鼻翼两边，分别向两侧太阳穴方向做斜W字形滚动按摩，在太阳穴位置处停下来。

把两个木质按摩球放在鼻翼两侧，分别沿着两条法令纹向下做滚动按摩，绕过嘴角之后，在下巴尖处汇合。两个按摩球的运动轨迹合起来大致呈O字形。

把两个木质按摩球放在下巴两侧，分别向上方做滚动按摩，在太阳穴往下一些的位置处停下。两个按摩球的运动轨迹合起来呈V字形。

再次把凉毛巾敷在整个面部，两只手隔着毛巾分别向上和向下对整个脸部肌肤进行抚摩。

第4周

第3天

消除眼眶部位的浮肿

中医认为，眼部浮肿是由于流经眼部的脉络被阻断而形成的。解决问题的方法是通过对眼部肌肉的拉伸运动、指压运动，使体内的气循环起来，打通脉络，从而预防浮肿的产生。面部普拉提运动可以从根本上预防眼部浮肿的发生，为你塑造"全天候"的美丽双眼。

* 需要准备的运动器具：不锈钢勺子、木质按摩球。

重复3次

揉搓双手，待手掌发热。把手掌贴在眼部肌肉上进行按压，每次按压持续5秒钟。

重复5次

保持普拉提呼吸，用双手大拇指和食指捏住眉头处的肌肉，然后从这里开始，慢慢向眉尾的位置做揉捏运动。

> 由于上眼皮部位紧贴着眼球，因此在用木质按摩球对上眼皮部位的肌肉进行滚动按摩时，一定要注意掌握力度，切不可用力过大。在滚动木质按摩球按摩的过程中，把眼球向内按压进眼窝的动作是绝对不可以的，必须让木质按摩球轻轻地贴在上眼皮肌肤上进行按摩。

86

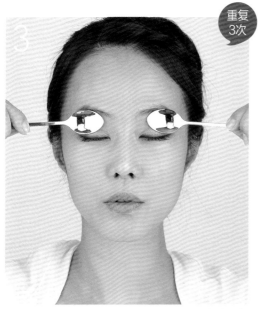

把不锈钢勺子的凸起面分别放在上眼皮的眼角处，从这里开始，慢慢向太阳穴的位置做按压运动。再把勺子的凸起面分别放在下眼皮的眼角处，从这里开始，慢慢向太阳穴的位置做按压运动。

把两个木质按摩球分别放在两个眼眶的最下端，然后顺着眼眶的轮廓轻柔地做O字形逆时针滚动按摩。

保持普拉提呼吸，把两个木质按摩球分别放在两个上眼皮位置，做左右方向地来回滚动按摩。

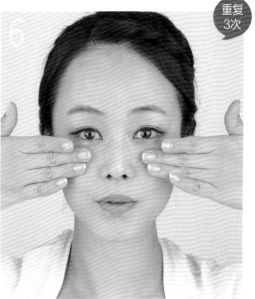

用凉凉的指尖顺着眼眶轮廓，对眼眶部位肌肉做按压。最后一次重复结束之后，再把双手指尖分别放在两个耳朵后部，向下对侧颈部进行抚摩，结束整个动作。

第4周

第4天

消除脸颊部位的浮肿

带有"婴儿肥"的脸颊，不仅讨人喜欢，而且从面相学的角度来讲也是一种富态的表现。但任何事情都有限度，如果脸颊因为浮肿而像气球一样变得圆鼓鼓的话，不仅会让五官看上去显得很小，还会使脸看上去显得很大。通过面部普拉提运动，消除脸颊部位的浮肿，让脸部线条重新显现出来。

※ 需要准备的运动器具：木质按摩球、普拉提弹力带。

※ 运动次数：凡图右上角未标注次数的一般只需做一次。

重复5次

1

保持普拉提呼吸，用双手指尖对整个头皮部位用按压的方式进行按摩。

重复5次

2

保持普拉提呼吸，把普拉提弹力带勾在后颈靠上一些的位置。在吸气时，双手抓住弹力带的两端，使之与地面保持水平，并且弹力带要包住脸颊。在吐气时，双手把弹力带向前拉。

!

头皮按摩结束后，先洗干净双手，再进行之后的面部普拉提运动。这样可以避免头皮皮脂中的细菌进入面部皮肤毛孔，引发皮肤过敏。

重复
3次

双手用木质按摩球对锁骨上方的整个前颈部做O字形滚动按摩。然后把按摩球分别放在两侧鬓角处，在鬓角和下巴尖之间做来回滚动按摩。

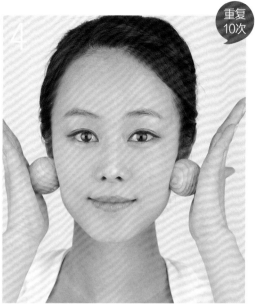

重复
10次

把木质按摩球放在下巴尖位置，向上做滚动按摩，到达鬓角处后，再朝向鼻翼处做滚动按摩。按摩球的滚动轨迹大致呈倒V字形。

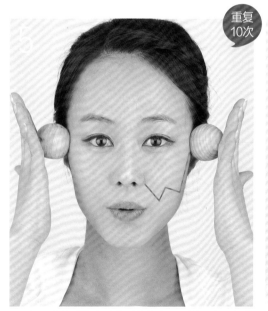

重复
10次

把两个木质按摩球分别放在鼻翼两侧，向鬓角的位置做W字形滚动按摩。

用木质按摩球对整个脸颊部位做O字形滚动按摩。然后双手拿住按摩球，对后颈部中央位置进行按压。最后从后颈部中央位置滚动到前颈部中央位置，结束整个动作。

消除嘴唇部位的浮肿

早晨起床之后，嘴唇和嘴部周边产生浮肿的情况时有发生。这类浮肿一般是压力太大和免疫力低下造成的。放任嘴唇浮肿的状况不管，有可能会进一步引发疱疹等炎症，这点必须注意。通过面部普拉提运动，可以激活嘴唇周围的肌细胞，消除浮肿，提高皮肤免疫力。

＊ **需要准备的运动器具:** 不锈钢勺子、木质按摩球。

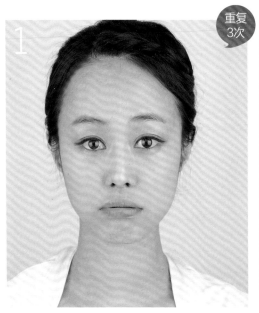

重复
3次

重复
3次

吸一口气，然后在吐气时，让气流吹动上下嘴唇使之颤动，以此让嘴唇肌肉得到放松。

两支不锈钢勺子分别放在人中穴位置和下嘴唇稍微靠下一点的位置，做按压动作。按压动作持续3秒钟。

> **!** 嘴唇的角质层非常薄，而且没有汗腺和皮脂腺，几乎没有锁住水分的能力，因此非常容易开裂。如果某段时间嘴唇开裂得比较厉害，或者有疱疹等炎症，建议这段时间先不要做面部普拉提。

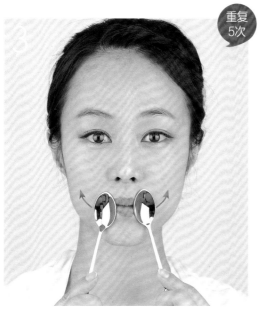

重复
5次

首先用凉凉的不锈钢勺子的凸起面对整个嘴唇进行按压。然后把勺子放在下嘴唇下面的位置，分别向两个嘴角的方向进行按压。到达嘴角之后，保持按压的同时把嘴角部位的肌肉向上推挤。

重复
5次

用双手的大拇指和食指捏住嘴唇，做上下方向的揉捏运动。

重复
10次

把两个木质按摩球分别放在鼻子两侧，向嘴角的方向做滚动按摩。绕过嘴角后，两个按摩球在下嘴唇的下方处汇合。

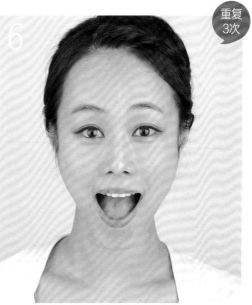

重复
3次

嘴尽可能的张大，然后按照"pa-pia-po-piao-pao-piu-pu-piu-pu-pi（啪-pia-坡-飘-抛-piu-扑-piu-扑-批）"的顺序发音。

91

消除下巴部位的浮肿

对下巴部位的浮肿放任不管，时间久了容易产生双下巴。通过面部普拉提运动，对下巴部位的肌肉进行拉伸和按摩，塑造无论从哪个角度看都拥有美丽线条的下巴。

＊ 需要准备的运动器具：木质按摩球。

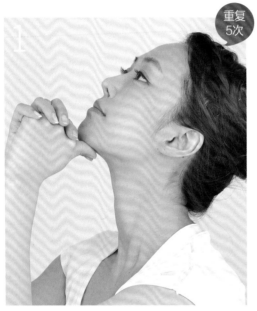

重复5次

保持普拉提呼吸，双手做抱拳状，用大拇指顶住下巴。在吐气时，大拇指把下巴向上顶，使头部后仰，从而让下巴和颈部的肌肉得到拉伸。

重复5次

保持普拉提呼吸，在吸气时，双手环抱于后脑勺位置，把头部向前下方摁，让后颈部肌肉群和斜方肌得到拉伸。

下巴部位浮肿很多时候是由淋巴液的循环不畅引起的，因此淋巴循环运动是必要的。与心脏搏动带动全身血液循环不同，淋巴液循环是需要一定外力的。淋巴位于肌肉层的下方，因此在淋巴循环运动中依靠运动器具是很有必要的。

重复
3次

用木质按摩球对整个颈部肌肉做O字形的滚动按摩。

重复
3次

保持普拉提呼吸，把两个木质按摩球放在下巴尖的位置，分别顺着两侧下颌骨的轮廓向上做按压。按压的时候要让肌肉有被向上推挤的感觉。

重复
5次

保持普拉提呼吸，把两个木质按摩球放在下巴尖的位置，分别顺着两侧下颌骨的轮廓向上做滚动按摩，在鬓角处停下。

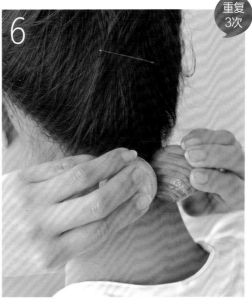

重复
3次

首先把两个木质按摩球分别放在两只耳朵后方，向后颈部中央位置做滚动按摩。到达中央位置之后，用按摩球进行按压。最后再返回来向前颈部中央位置做滚动按摩。

第4周

第7天

消除颈部和斜方肌部位的浮肿

现代人经常在电脑前长时间保持一个坐姿，时间久了最容易感到疲劳和疼痛的部位就是颈部肌肉了。通过面部普拉提运动，让僵硬的颈部肌肉得到舒缓，消除浮肿，帮助颈部皮肤更加顺畅地排出代谢废物，塑造纤柔美丽的颈部线条。

※ **需要准备的运动器具：**木质按摩球、普拉提弹力带。

※ **运动次数：**凡图右上角未标注次数的一般只需做一次。

重复
5次

保持普拉提呼吸，在吸气时，把双肩上提并保持3秒钟。在吐气时，双肩重新放下来。

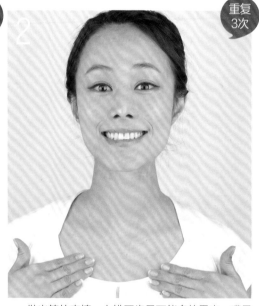

重复
3次

做出笑的表情，上排牙齿尽可能多的露出，嘴尽可能大幅度的向两边咧开，嘴角肌肉要有一种上扬的感觉。然后在这个姿态下，把双肩向下垂，让颈部肌肉得到舒展。

> ! 在做颈部运动时，颈部和肩部肌肉有时会不自觉地发力，使之绷紧。在肌肉保持紧绷的情况下做普拉提运动，肌肉疲劳就不会缓解，运动效果也会大打折扣，因此一定要让肌肉保持放松。

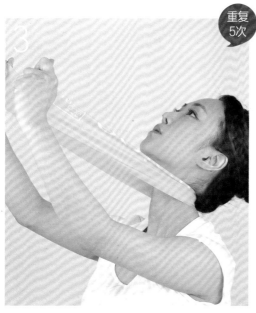

保持普拉提呼吸，用普拉提弹力带勾住后颈部的中段，头部后仰，眼睛仰视前上方。吸气时，双手分别抓住弹力带的两端，并使弹力带和视线保持平行；吐气时，双手把弹力带向前上方拉伸。

把两个木质按摩球放在后颈部的发际线处，沿着发际线分别向两边做轻柔的滚动按摩，到耳朵下方位置后停下。

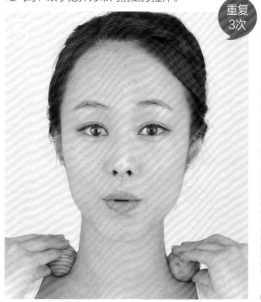

用两个木质按摩球分别沿着两侧的斜方肌线条做轻柔的按压运动，每次按压持续3秒钟。

首先双手用木质按摩球对整个颈部做上下方向的滚动按摩。然后头部向下低埋到一定角度，让后颈肌肉保持舒展，把木质按摩球放在后颈中央位置上做轻柔的按压运动。最后用木质按摩球顺着斜方肌线条进行按压。

脸部浮肿篇健康食谱计划

星期	早餐	上午加餐	午餐	下午加餐	晚餐
一	半碗糙米饭 1碗海带汤 2个煎鸡蛋 1小碟泡白菜 1根香蕉	1杯低脂牛奶	1个地瓜 三文鱼三明治 半个苹果	1根香蕉	50克麦片 200毫升低脂牛奶 10个小西红柿 1个橘子
二	半碗糙米饭 1碗海带汤 1条烤鱼（约500克） 1小碟泡白菜 1根香蕉	1杯低脂牛奶	1个地瓜 金枪鱼三明治 半个苹果	1根香蕉	50克麦片 200毫升低脂牛奶 10个小西红柿 1个橘子
三	半碗糙米饭 1碗海带汤 2个炒鸡蛋 1小碟泡白菜 1根香蕉	1杯低脂牛奶	1个地瓜 鸡胸肉三明治 半个苹果	1根香蕉	50克麦片 200毫升低脂牛奶 10个小西红柿 1个橘子
四	半碗糙米饭 1碗海带汤 两个煎鸡蛋 1小碟泡白菜 1根香蕉	1杯低脂牛奶	1个地瓜 三文鱼三明治 半个苹果	1根香蕉	50克麦片 200毫升低脂牛奶 10个小西红柿 1个橘子
五	半碗糙米饭 1碗海带汤 1条烤鱼（约500克） 1小碟泡白菜 1根香蕉	1杯低脂牛奶	1个地瓜 金枪鱼三明治 半个苹果	1根香蕉	50克麦片 200毫升低脂牛奶 10个小西红柿 1个橘子
六	半碗糙米饭 一碗海带汤 2个炒鸡蛋 1小碟泡白菜 1根香蕉	1杯低脂牛奶	自由安排饮食	1根香蕉	50克麦片 200毫升低脂牛奶 10个小西红柿 1个橘子
日	半碗糙米饭 1碗海带汤 半罐金枪鱼罐头 1小碟泡白菜 1根香蕉	1杯低脂牛奶	1个地瓜 鸡胸肉三明治 半个苹果	1根香蕉	50克麦片 200毫升低脂牛奶 10个小西红柿 1个橘子

要点：代谢废物的顺畅排出是解决面部浮肿问题的根本。

香蕉含有丰富的果胶。果胶是膳食纤维的一种，有助于排出堆积在血管中的代谢废物，还可以增强肠道蠕动能力，帮助排便，从根源上解决面部浮肿问题。

脸部浮肿篇健康食谱提示

想要消除脸部浮肿，多摄取富含钾元素的海藻类食物是非常好的一个选择。海带中含有非常丰富的钾，可以将堆积在体内的多余盐分排出体外，还具有解毒的效果，可以有效改善面部暗沉问题。当然了，日常生活中保持健康的饮食习惯才是最重要的，而我们需要记住的首要一点就是：低盐饮食。

脸部浮肿篇美容提示

作为一个精油种类，茶树精油在祛痘方面的功效得到了广泛认可。精油中含有的茶树提取物对包括粉刺在内的各种皮肤炎症有很强的抗菌作用。此外，在排出体内毒素，缓解浮肿方面也有非常好的效果。特别是在早晨脸部浮肿情况比较厉害的时候，使用保湿滋润面霜这类富含茶树提取物的保湿霜，在缓解浮肿的同时还可以保湿，可谓一举两得。

自我效果评价检查清单

1.每周做3次以上消除脸部浮肿面部普拉提运动。　　　　　　　　Yes ☐　　　No ☐

2.做面部普拉提的同时配合使用功效性护肤品。　　　　　　　　Yes ☐　　　No ☐

3.起床之后脸部浮肿的次数减少。　　　　　　　　　　　　　　Yes ☐　　　No ☐

4.照镜子对比入睡之前和起床之后的面部，发现差异不大。　　　Yes ☐　　　No ☐

5.上眼皮的浮肿状况好了很多。　　　　　　　　　　　　　　　Yes ☐　　　No ☐

6.嘴唇部位炎症的产生次数相比以前有所减少。　　　　　　　　Yes ☐　　　No ☐

7.脸部的整体线条变得更加精致。　　　　　　　　　　　　　　Yes ☐　　　No ☐

8.脸部气色整体得到改善。　　　　　　　　　　　　　　　　　Yes ☐　　　No ☐

9.颈部的线条更加纤美。　　　　　　　　　　　　　　　　　　Yes ☐　　　No ☐

10.和以前相比五官轮廓更具立体感。　　　　　　　　　　　　 Yes ☐　　　No ☐

Yes 10分；No 5分
若总分超过70分，请继续进行第5周的运动；若总分不到50分，请重新进行第4周的运动。

第5周

肌肤护理篇

塑造婴儿般细腻的面部肌肤

人体从皮肤表面向下，分别是表皮、真皮、脂肪、肌肉、骨骼。而造成皮肤老化问题的根本原因就出在肌肉上。肌肉组织老化，逐渐使皮肤变得松弛、下垂。本篇会教给大家，如何通过面部普拉提运动，使每一个肌肉细胞活性化，促进体内循环，刺激胶原蛋白细胞恢复活力，让皮肤再生。

第1~2天 塑造光洁透亮的肌肤
—
第3天 消除黑眼圈
—
第4~5天 缩小毛孔
—
第6~7天 缓解因代谢不畅引发的各种皮肤问题，促进皮肤再生

塑造光洁透亮的肌肤

俗话说"一白遮百丑"。洁白无瑕的肌肤不仅看上去令人赏心悦目，还会给人以高贵的感觉。通过面部普拉提运动，让皮肤深层停滞的循环重新被激活，打造如同玉石般光洁美丽的肌肤。

※ 需要准备的运动器具：不锈钢勺子、木质按摩球。

重复
5次

揉搓双手，待手掌发热。双手手掌紧贴在额头上，对额头皮肤做左右方向的抚摩运动。

重复
3次

将两个木质按摩球放在眉毛上方的额头处，顺着眉骨，分别向两侧太阳穴方向轻柔地进行按压。每次按压持续3秒钟。

淋巴系统不仅分布于身体躯干，也存在于头部。想要获得白皙光洁的肌肤，按照额头-眉部-太阳穴-嘴唇周围的顺序进行普拉提运动是非常重要的。这些部位都存在淋巴管并且有机地连接在一起，依次对这些部位做面部普拉提运动有助于淋巴系统循环，把多余的淋巴液排出体外。

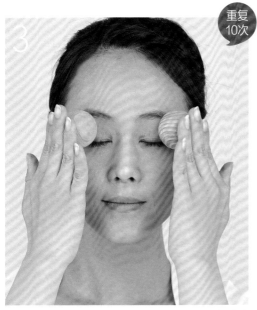

保持普拉提呼吸，闭上双眼，把两个木质按摩球分别放在双眼的上眼皮位置，做左右方向的滚动按摩。按摩的时候力度要十分轻柔。

把两个木质按摩球分别放在鼻子两侧，向着太阳穴方向做W字形滚动按摩。

把两个木质按摩球分别放在鼻子两侧，顺着法令纹向下做滚动按摩。经过嘴角之后，在下嘴唇下方处汇合。两个按摩球的滚动轨迹合起来大致呈O字形。

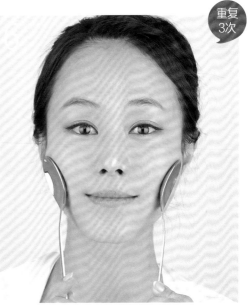

用凉凉的不锈钢勺子的凸起面，分别按照下巴-面颊-颧骨-太阳穴-眼部-额头的顺序对面部肌肉进行按摩。按摩时用勺子的凸起面按压住肌肉，然后分别顺时针画圈，让勺子对肌肉有一个推挤的力。

第3天

消除黑眼圈

　　如果前一天非常疲惫或者前一天晚上没休息好，第二天起来后眼睛周围往往就会出现黑眼圈。如果你无论怎么涂抹遮瑕膏都无法很好地遮盖黑眼圈，就让面部普拉提来帮助你吧！通过面部普拉提运动，可以消除黑眼圈，恢复眼部肌肤的弹性。

※ 需要准备的运动器具：不锈钢勺子、木质按摩球。

※ 运动次数：凡图右上角未标注次数的一般只需做一次。

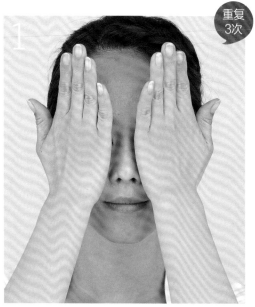

重复3次

保持普拉提呼吸，揉搓双手，待手掌发热。在吐气时，手掌贴住眼部，轻柔地按压5秒钟。

重复3次

用凉凉的不锈钢勺子凸起面分别贴在两个上眼皮的位置，轻柔地对整个上眼皮进行左右方向的按压。

　　凡是和眼部肌肉有关的面部普拉提运动，在做动作时一定要力度轻柔。和对其他部位施加的力度相比，对眼部肌肉只需用一半的力度就可以了。在用木质按摩球对眼部做滚动按摩或按压时，如果力度过大，就会对纤薄的眼部皮肤造成过重的负担，反而会导致细纹的产生。

用不锈钢勺子的凸起面贴在最容易产生黑眼圈的眼袋位置，向两侧太阳穴的位置做轻柔的按压运动。

把木质按摩球放在下眼睑再靠下一点的位置，顺着眼眶的轮廓向上做滚动按摩，最后两个按摩球在眉心处汇合。

保持普拉提呼吸，把两个木质按摩球分别放在鼻子两侧。先向上做滚动按摩，在到达内眼角下面的位置后，再分别向左右两边滚动，对最容易产生黑眼圈的眼袋做按摩。最后经过外眼角，在太阳穴处停下。

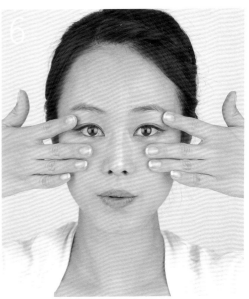

揉搓双手，待手掌发热。用食指和中指分别贴住上眼皮和眼袋，向两侧太阳穴方向做轻柔的抚摩运动。到达太阳穴位置后，手指继续顺着侧脸向下抚摩，最后在脖根处停下。

缩小毛孔

肌肤弹性的逐渐丧失会使皮肤慢慢下垂，从而让毛孔也慢慢变得粗大。通过面部普拉提运动，恢复肌肤的弹性和紧致，使粗大的毛孔重新缩小。

※ 需要准备的运动器具：不锈钢勺子。

重复
3次

将食指和中指分开，把耳朵放在食指和中指之间。中指紧贴住鬓角部位，食指紧贴住耳后部位，做5次上下方向的揉搓运动。然后顺着侧颈向下抚摩，最后在脖根处停下。

重复
3次

顺着下颌骨的轮廓，用双手的大拇指和食指对整个下颌骨部位的肌肉做来回的揉捏运动。然后把下颌骨部位分成三段，大拇指和食指依次捏住每一段的肌肉并进行上下的揉捏运动。

> 第2步和第3步的运动，是为了强化肌细胞间的连接，从而使脸部肌肤变得更加紧致。运动完之后，如果脸部皮肤产生紧绷感，同时还有一种火辣辣的感觉，那就说明你的运动到位了。在运动过程中，手的力度只停留在皮肤表面是不行的，一定要把力度施加到深部的肌肉层上才会有效果。

对另一侧下颌骨轮廓做同样的运动。

保持普拉提呼吸，双手大拇指和食指分别捏住两侧脸颊肌肉，向上做提拉。提拉的同时对肌肉进行揉捏。

用两支凉凉的不锈钢勺子分别贴在两侧脸颊上，对整个脸颊肌肉做轻柔的按压。

和第1步一样，将食指和中指分开，耳朵夹在食指和中指之间。中指紧贴住鬓角部位，食指紧贴住耳后部位，做5次上下方向的揉搓运动。然后顺着侧颈部向下抚摩，最后在锁骨处停下。

105

缓解因代谢不畅引发的
各种皮肤问题,促进皮肤再生

皮肤过敏主要是因为像活性氧之类的氧化性很强的代谢废物无法顺畅地排出体外而引起的。通过面部普拉提运动,使皮肤深层的循环重新调动起来,加快代谢废物的排出,预防各种皮肤过敏,促进皮肤再生。

※ 需要准备的运动器具: 木质按摩球。

重复3次

保持普拉提呼吸,把两个木质按摩球放在后颈部的中央位置,沿着后颈部发际线分别向上做轻柔的滚动按摩,然后绕过耳朵上方,最后在鬓角处停下。

重复5次

把两个木质按摩球分别放在后颈部的颈椎两侧,做I字形和O字形滚动按摩。

头皮部位的穴道对整个身体循环有重要的控制作用。在对头皮部位做面部普拉提运动时,一定要用手指腹接触头皮,不能用指甲。尖锐的指甲会对头皮施以过大的刺激,可能引发皮炎等症状。

用双手的手指腹对整个头皮部位做指压按摩。

用双手的大拇指和食指分别捏住两侧的耳朵，按照向上-向下-向外的顺序做提拉运动。每一次提拉持续3秒钟。

将食指和中指分开，把耳朵夹在食指和中指之间。中指紧贴住鬓角部位，食指紧贴住耳后部位，做5次上下方向的揉搓运动。然后顺着侧颈部向下抚摩，最后在脖根处停下。

保持普拉提呼吸，双手放在胸部下方的肋骨部位。感受吸气和吐气过程中肋骨的扩张和收缩。

肌肤护理篇健康食谱计划

星期	早餐	上午加餐	午餐	下午加餐	晚餐
一	半碗糙米饭 半碗菠菜大酱汤 2个煎鸡蛋 1小碟泡白菜 1杯西红柿汁	1杯低脂牛奶	1个地瓜 三文鱼三明治 半个苹果	1个橘子	半碗大麦饭 半碟辣炒猪肉 生菜、苏子叶包饭 1小碟凉拌菠菜 1个橘子
二	2片鸡胸肉 1碟卷心菜沙拉 1杯西红柿汁	1杯低脂牛奶	1个地瓜 金枪鱼三明治 半个苹果	1个橘子	半碗大麦饭 半碟炒鱿鱼 生菜、苏子叶包饭 1小碟凉拌菠菜 1个橘子
三	半碗糙米饭 半碗菠菜大酱汤 2个煎鸡蛋 1小碟泡白菜 1杯西红柿汁	1杯低脂牛奶	1个地瓜 鸡胸肉三明治 半个苹果	1个橘子	半碗大麦饭 半碟烤鸡肉 生菜、苏子叶包饭 1小碟凉拌菠菜 1个橘子
四	2片鸡胸肉 1碟卷心菜沙拉 1杯西红柿汁	1杯低脂牛奶	1个地瓜 三文鱼三明治 半个苹果	1个橘子	半碗大麦饭 半碟辣炒猪肉 生菜、苏子叶包饭 1小碟凉拌菠菜 1个橘子
五	半碗糙米饭 半碗菠菜大酱汤 2个煎鸡蛋 1小碟泡白菜 1杯西红柿汁	1杯低脂牛奶	1个地瓜 金枪鱼三明治 半个苹果	1个橘子	半碗大麦饭 半碟炒鱿鱼 生菜、苏子叶包饭 1小碟凉拌菠菜 1个橘子
六	2片鸡胸肉 1碟卷心菜沙拉 1杯西红柿汁	1杯低脂牛奶	自由安排饮食	1个橘子	半碗大麦饭 半碟烤鸡肉 生菜、苏子叶包饭 1小碟凉拌菠菜 1个橘子
日	半碗糙米饭 一碗海带汤 半罐金枪鱼罐头 1小碟泡白菜 1杯西红柿汁	1杯低脂牛奶	1个地瓜 鸡胸肉三明治 半个苹果	1个橘子	半碗大麦饭 半碟烤牛肉 生菜、苏子叶包饭 1小碟凉拌菠菜 1个橘子

要点：多摄取抗氧化成分有助于皮肤细胞再生。

β-胡萝卜素作为抗氧化成分的一种，在菠菜中含量非常丰富。β-胡萝卜素在皮肤细胞再生和消除粉刺方面有很不错的效果。

肌肤护理篇健康食谱提示

菠菜中含有丰富的抗氧化剂，对皮肤细胞再生和缓解各类皮肤过敏有很不错的效果。菠菜还含有丰富的维生素A和维生素C，对缓解各种皮肤色素沉着也有不错的效果。

肌肤护理篇美容提示

像色素沉着、过敏、皱纹这样的皮肤老化现象，是因为皮肤的水油失去平衡而造成的。因此，对油性皮肤而言，仅使用控油护肤品是不够的；同样，对干性皮肤而言，仅使用滋润型营养面霜也是不够的。不论哪种类型的肌肤，必须保持皮肤的水油平衡，才能缓解皮肤老化现象。具体做法可以在洗完脸后，先搽面部精华油，再搽补水类护肤品。这样的话，精华油可以有效锁住护肤品中的水分，使之慢慢渗透进皮肤深层。精华油在这里可以说是起到了搬运工的作用。在做面部普拉提运动前，也建议按照这个顺序搽抹，可以获得更好的运动效果。

自我效果评价检查清单

1.每周做3次以上的肌肤护理面部普拉提运动。　　　　　　Yes ☐　　　No ☐

2.做面部普拉提的同时配合使用功效性护肤品。　　　　　　Yes ☐　　　No ☐

3.皮肤整体变得更加白皙光洁。　　　　　　　　　　　　　Yes ☐　　　No ☐

4.黑眼圈比以前有所减轻。　　　　　　　　　　　　　　　Yes ☐　　　No ☐

5.眼部皱纹减少，皮肤弹性有所提高。　　　　　　　　　　Yes ☐　　　No ☐

6.毛孔缩小，皮肤变得更加紧致，弹性有所提高。　　　　　Yes ☐　　　No ☐

7.皮肤发生过敏的次数和以前相比有所减少。　　　　　　　Yes ☐　　　No ☐

8.和以前相比，起床之后整个面部显得更加有活力。　　　　Yes ☐　　　No ☐

9.周围的人普遍认为你的皮肤比以前好了。　　　　　　　　Yes ☐　　　No ☐

10.即使前一天晚上睡得很晚，第二天皮肤状态也不会变得很差。　Yes ☐　　　No ☐

Yes 10分；No 5分

若总分超过70分，请继续进行第6周的运动；总分不到50分，请重新进行第5周的运动。

第6周

放松与恢复篇
让面部肌肤充分休息和放松

面部肌肤每天都暴露在污染的环境中，因此让肌肤得到休息和调养是很有必要的。通过做面部普拉提运动，让肌肤得到休养，预防各种可能发生的皮肤问题。

让皮肤充分地
休息和放松

通过面部普拉提的一系列肌肉放松动作，让面部肌肤的压力充分得到释放。

※ 需要准备的运动器具：热毛巾。

※ 运动次数：凡图右上角未标注次数的一般只需做一次。

重复5次

保持普拉提呼吸，双手交叉高举过头顶，做伸懒腰动作，舒缓全身筋骨。

重复5次

保持普拉提呼吸，在吸气时，双肩向上提；在吐气时，双肩重新放下。

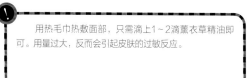

用热毛巾热敷面部，只需滴上1~2滴薰衣草精油即可。用量过大，反而会引起皮肤的过敏反应。

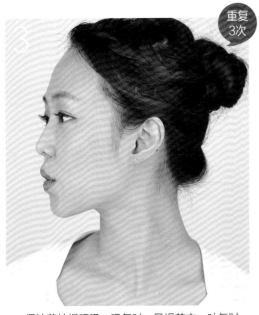

保持普拉提呼吸。吸气时，目视前方。吐气时，头部向一侧转大约45°，并保持3秒钟。下一次吐气时，头部再转向另一侧。

保持普拉提呼吸，嘴尽可能向两边咧开并发出"依"的声音。这时双肩尽可能下垂，使颈部肌肉得到拉伸。

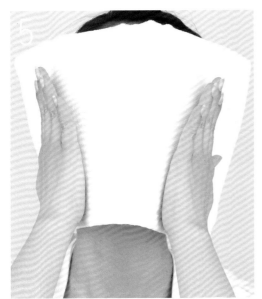

在热毛巾上滴1~2滴薰衣草精油，对整个面部热敷。做热敷的同时双手隔着毛巾对面部肌肤做按压。

用凉凉的双手对整个面部肌肤做轻柔的抚摩。

第6周

第2天

让眼部得到充分休息

眼睛可以说是我们人体最为脆弱，最容易疲劳的器官了。通过面部普拉提运动，可以很好地缓解眼部肌肉的疲劳。

＊ 需要准备的运动器具：木质按摩球。

重复
5次

保持普拉提呼吸，轻轻闭上双眼。双手放在胸部下面的肋骨部位，感受吸气和吐气时肋骨部位的扩张和收缩。

重复
5次

保持普拉提呼吸，轻轻闭上双眼。双手放在胸部下面的肋骨部位，感受吸气和吐气时肋骨部位的扩张和收缩。此时保持闭眼状态，双眼眼球同时向左和向右各转36圈。

图3在用手对眼部做按压动作时，要很轻微地对眼球施加力，而且一定要用除大拇指之外的四个指腹和手心之间的突起部位把眼球稍稍向内做很轻柔的按压。单纯用掌心部位做按压几乎没有效果。

重复
3次

揉搓双手，待手掌发热。先用双手对眼睛周围的肌肉做按压，按压持续5秒钟。然后用除大拇指之外的四个指头和手心之间的突起部位对眼球做很轻柔的按压。按压的同时做顺时针和逆时针方向的转动。

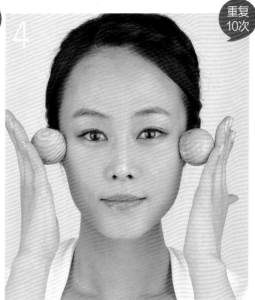

重复
10次

把两个木质按摩球分别放在下眼皮再靠下一点的位置，做滚动按摩。然后绕过外眼角后继续顺着眉骨滚动，最后两个按摩球在眉心处汇合。

重复
3次

把两个木质按摩球放在眉心处，顺着眉骨分别向两侧太阳穴方向做轻柔的按压，最后在太阳穴处停下。

重复
5次

把两个木质按摩球分别放在两侧太阳穴的位置，对整个太阳穴部位做S字形滚动按摩。然后把按摩球放在耳朵后面，顺着侧颈部向下做滚动按摩，最后在脖根处停下。

115

第6周

第3天

塑造清澈明亮的双眸

　　像湖水一样清澈透明的双眼可以说是一个人给人第一深刻印象的决定性要素。通过面部普拉提运动，可以调动眼部周围肌肉群和淋巴系统的循环，舒缓眼部肌肤，缓解因过度疲劳而产生的眼部充血，塑造健康明亮的双眼。

＊ 需要准备的运动器具：木质按摩球、小刮片。

重复
3次

揉搓双手，待手掌发热。双手对眼睛周围的肌肉做按压，按压持续5秒钟。

重复
3次

用双手大拇指和食指捏住眉头部位的肌肉，顺着眉毛慢慢地向眉尾位置做揉捏运动。揉捏的同时对肌肉做上下方向的推挤。

> 　　眼部是一个有机整体，通过面部普拉提运动，充分调动眼部肌肉群和淋巴系统的循环，改善它们的状态，使眼睛本身的各项机能也得到改善。因此，眼部普拉提运动对眼部周围肌肉群和淋巴系统的锻炼是非常重要的。

116

重复
10次

保持普拉提呼吸，双手用木质按摩球对整个额头部位做丨字形的滚动按摩。

重复
10次

双手把木质按摩球分别放在两侧太阳穴位置，对太阳穴部位做S字形的滚动按摩。

重复
5次

在眼睛周围涂上适量眼霜，用无名指的指腹按照顺时针、逆时针的方向和顺序轻柔地做画圈运动，以促进眼霜吸收。

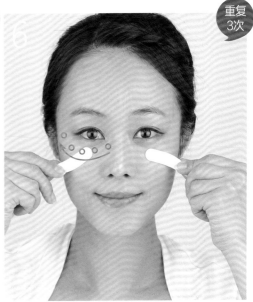

重复
3次

用小刮片顺着下眼眶的轮廓，分别向两侧太阳穴位置做轻柔的按压。

第6周 第4天 消除头疼的功效性普拉提

在困扰现代人的各种常见疼痛中，头疼可以说是最具代表性的。通过面部普拉提，对在人体循环中扮演重要角色的头皮部位做按摩运动，使头皮肌肉得到舒缓，从而消除头疼。

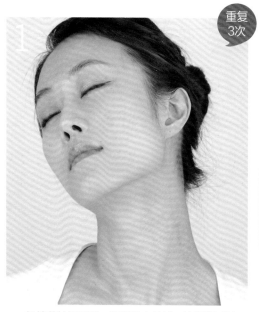

重复 3次

保持普拉提呼吸，颈部肌肉放松，按照顺时针、逆时针的顺序转动颈部。

重复 5次

把可以使头皮部位保持生态平衡的浓缩精华均匀涂抹在头皮上，用双手的手指腹对整个头皮做指按压摩运动。

> 对头皮部位做按摩运动时，一定要从发际线处开始，经过头顶，向后脑勺方向做运动。一旦头皮肌肉因为老化而下垂，额头部位就会出现非常明显的皱纹。所以，从发际线处开始向后脑勺方向做按摩运动，可以使额头和头顶部位的肌肉得到充分拉伸，有助于恢复肌肉的弹性。

重复
5次

把可以让头皮部位保持生态平衡的浓缩精华均匀涂抹在头皮上，用双手的手指腹对整个头皮做画圈运动，画圈的同时对头皮做指压。

重复
10次

用双手的手指腹采取抓挠的方式，对整个头皮部位做按摩。

重复
3次

保持普拉提呼吸，双手手指对整个发际线做指压运动。每次指压持续5秒钟。

重复
3次

将食指和中指分开，把耳朵夹在食指和中指之间。中指紧贴住鬓角部位，食指紧贴住耳后部位，做10次上下方向的揉搓运动。然后顺着侧颈部向下抚摩，最后在锁骨处停下。

第6周

第5天

助你美美睡上一觉的
睡眠普拉提

最近，"睡美容觉"成了热门搜索词。"睡美容觉"就是在高质量的深度睡眠中，让包括皮肤在内的整个身体机能得到恢复和提升。通过面部普拉提运动，可以让僵直的肌肉得到舒缓，促进代谢废物的排出，还可以让你更快地进入高质量的深度睡眠。

＊ **需要准备的运动器具：**木质按摩球、普拉提弹力带。

＊ **运动次数：**凡图右上角未标注次数的一般只需做一次。

保持普拉提呼吸，把两个木质按摩球放在后颈部中央位置，分别沿着后颈部发际线向上做按压运动，然后经过耳朵上方，最后在鬓角处停下。

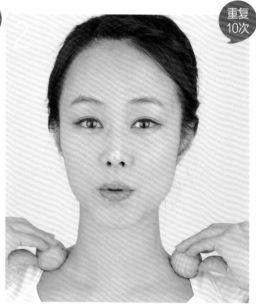

用两个木质按摩球分别对颈部两侧的斜方肌做O字形的滚动按摩。

! 坐在椅子上做肋下伸展运动时，臀部一定不能抬起来，要紧贴在椅子背上，仅上半身进行左右方向的运动。上半身在做动作时臀部离开了椅子面，运动效果就会打折扣。

重复
10次

单手把两个木质按摩球按压在颈部一侧，做O字形的滚动按摩。然后再换对侧做同样的运动。

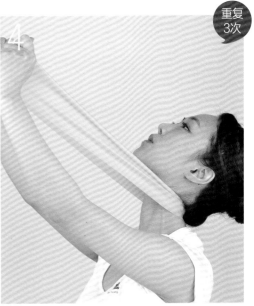

重复
3次

保持普拉提呼吸，把普拉提弹力带勾在后颈上。吸气时，双手抓住弹力带两端，使之与地面保持平行。吐气时，头部后仰，双手把弹力带抬高，使之与地面保持45°角，然后拉动弹力带，使后颈肌肉得到拉伸。

坐在椅子上，保持普拉提呼吸，头部微微低埋，用普拉提弹力带勾住下巴，双手抓住弹力带两端使之与地面保持垂直。双手把弹力带竖直向上提拉，使下巴部位肌肉得到拉伸。

重复
5次

坐在椅子上，保持普拉提呼吸，头部微微低埋，用普拉提弹力带勾住下巴，双手抓住弹力带两端使之与地面保持垂直。双手把弹力带竖直向上提拉并保持住，然后上半身分别向左右倾斜，使左右两侧的肋下部位也得到拉伸。

有效预防起床后
面部浮肿的普拉提

第6周

第6天

晚上食用很多辛辣的或咸的食物，次日早晨起床后面部往往就会出现浮肿。通过一系列快速消除浮肿的面部普拉提动作，让你只需几分钟就可以远离浮肿的困扰。

✳ **需要准备的运动器具：** 木质按摩球、普拉提弹力带。

✳ **运动次数：** 凡图右上角未标注次数的一般只需做一次。

重复
3次

保持普拉提呼吸，双手交叉高举过头顶，做伸懒腰动作，同时嘴尽可能大地张开，然后再闭上。

重复
3次

保持普拉提呼吸，把普拉提弹力带勾在后颈上。吸气时，双手抓住弹力带两端，使之与地面保持平行。吐气时，头部后仰一定角度，双手把弹力带抬高，使之与地面保持45°角，然后拉动弹力带，使后颈肌肉得到拉伸。

! 用普拉提弹力带对下巴肌肉做拉伸时，一定要让弹力带包住整个下巴。如果弹力带只包住下巴的一部分，就只有双下巴部位能得到拉伸，两侧下颌骨部位的肌肉群就得不到锻炼了。

122

3

保持普拉提呼吸，头部微微低埋，用普拉提弹力
带勾住下巴，双手抓住弹力带两端使之与地面保持垂
直。吸气时，双手把弹力带竖直向上提拉，使下巴部
位肌肉得到拉伸。

4　重复10次

把两个木质按摩球放在下嘴唇再靠下一些的位
置，分别向两侧的太阳穴位置做滚动按摩。两个按摩
球的运动轨迹合起来大致呈V字形。

5　重复10次

把两个木质按摩球分别放在下眼皮再靠下一点的
位置做滚动按摩。绕过外眼角后继续顺着眉骨滚动，
然后将两个按摩球在眉心处汇合。之后再把两个按摩
球分别放在两侧太阳穴位置，向耳根方向做滚动按
摩，最后经过耳根后在耳朵后方停下。

6　重复3次

将食指和中指分开，把耳朵夹在食指和中指之
间。中指紧贴鬓角部位，食指紧贴住耳后部位，做10
次上下方向的揉搓运动。然后顺着侧颈部向下抚摩，
最后在锁骨处停下。

第6周

第7天

有效缓解颈部干燥、
疼痛症状的普拉提

有些行业需要一天到晚不停地说话，还有些行业经常要在干燥的环境中工作。对这些群体来说，颈部的疼痛是常有的事。通过面部普拉提运动，让僵直的颈部肌肉得到舒缓，让颈部重新找回轻松的感觉。

※ **需要准备的运动器具：** 木质按摩球、热毛巾。

重复
5次

在热毛巾上倒上一点热的花茶水，再滴上一两滴芳香精油，然后把热毛巾放在离鼻子很近的地方，慢慢地吸入蒸汽。

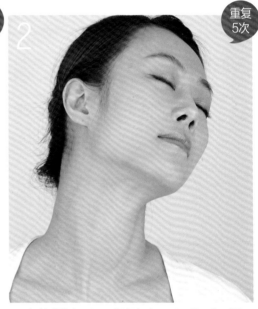

重复
5次

保持普拉提呼吸，慢慢闭上双眼，按照顺时针、逆时针的顺序活动颈部。

右图中，双手拿木质按摩球对后颈部做按压时，两条胳膊向前曲肘的动作是错误的，那样做会把两条胳膊的重量也加到后颈部上，后颈部的肌肉会因为力度过大而产生僵直。正确的姿势是6图的姿势：两条胳膊和身体处在同一个面上，这样颈部就可以伸直舒展开了。

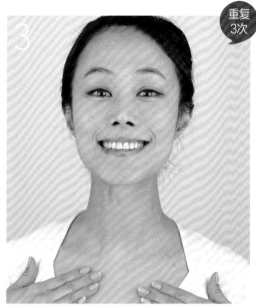

保持普拉提呼吸，吐气时，嘴尽可能地向两边咧开并发出"依"的声音，同时双肩尽量向下垂，使颈部肌肉得到拉伸。

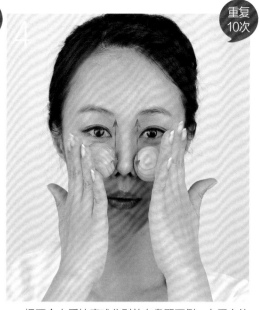

把两个木质按摩球分别放在鼻翼两侧，向眉心的位置做上下方向的滚动按摩。

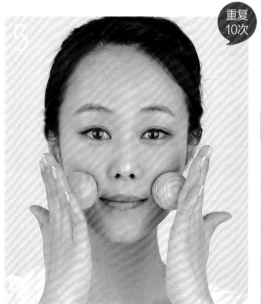

把两个木质按摩球分别放在鼻子两侧，顺着法令纹向下做滚动按摩。绕过嘴角后，两个按摩球在下巴处汇合。两个按摩球的运动轨迹合起来大致呈O字形。

双手把木质按摩球放在后颈部，胳膊保持和身体在同一个面上，脖子伸直并向上提，用按摩球对后颈部肌肉做O字形滚动按摩。

让皮肤"绝食"的排毒普拉提

第6周 加1天

随着生活水平的提高，现代人的饮食普遍营养过剩。最近，通过断食来促进身体代谢废物排出的方式开始引起关注。需要保养的面部肌肤也同样适用于这个方式。每周一次使用功效性比较强的护肤品，同时配合皮肤"绝食"的普拉提运动，让面部肌肤来一次真正的排毒。

✳ **需要准备的运动器具：** 小刮片。
✳ **运动次数：** 凡图右上角未标注次数的一般只需做一次。

重复3次

保持普拉提呼吸，揉搓双手，待手掌发热。用双手手掌贴住整个额头，分别向两边做轻柔的抚摩。然后将双手手掌分别贴在两侧面颊处，向两边做轻柔的抚摩。

重复3次

保持普拉提呼吸，揉搓双手，待手掌发热。从下巴尖处开始，双手顺着前颈部向下做轻柔的抚摩，最后到锁骨处停下。

皮肤表面不可能绝对光滑，因此在做抚摸运动时，力度一定要非常轻柔，稍微过大就有可能把皮肤搓皱。这点请一定注意。

重复
3次

重复
3次

把下眼睑下面的部位分成三段，用小刮片依次对每一段肌肤做很轻柔的按压运动。按压的轨迹呈很小的O字形。

把两个小刮片分别放在两侧太阳穴位置，按照顺时针方向对太阳穴部位做轻柔的按压。按压的轨迹呈O字形。

重复
3次

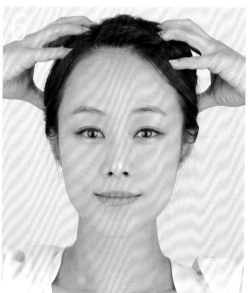

把两个小刮片分别放在两侧耳根和下颌骨之间的凹陷处，对这个位置按照顺时针、逆时针的方向和顺序做轻柔的按压。按压的轨迹呈O字形。

用双手的手指腹对整个头皮部位做轻柔的指压。

放松与恢复篇健康食谱计划

星期	早餐	上午加餐	午餐	下午加餐	晚餐
一	半碗糙米饭 半碗豆腐大酱汤 1条烤鱼（约500克） 1小碟泡白菜 1杯胡萝卜汁	10个小西红柿	煮土豆&蒸南瓜 三文鱼三明治 5个蓝莓	1根香蕉	半碗杂粮饭 半碗花蟹汤 1个煎鸡蛋 1小碟泡白菜 1杯菊花茶
二	1片粗粮面包 2个炒鸡蛋 1片低脂肪奶酪 1碟生菜沙拉 1杯胡萝卜汁	10个小西红柿	煮土豆&蒸南瓜 三文鱼三明治 5个蓝莓	1根香蕉	半碗杂粮饭 半碗明太鱼汤 1小碟凉拌黄瓜 1小碟凉拌菠菜 1杯菊花茶
三	半碗糙米饭 半碗牛肉大酱汤 两个煎鸡蛋 1小碟泡白菜 1杯胡萝卜汁	10个小西红柿	煮土豆&蒸南瓜 三文鱼三明治 5个蓝莓	1根香蕉	半碗杂粮饭 半条烤鱼 1小碟凉拌黄瓜 1小碟凉拌菠菜 1杯菊花茶
四	半碗糙米饭 半碗豆腐大酱汤 1条烤鱼（约500克） 1小碟泡白菜 1杯胡萝卜汁	10个小西红柿	煮土豆&蒸南瓜 三文鱼三明治 5个蓝莓	1根香蕉	半碗杂粮饭 半碗海鲜汤 半碗蒸鸡蛋 1小碟泡白菜 1杯菊花茶
五	1片粗粮面包 2个炒鸡蛋 1片低脂肪奶酪 1碟白菜沙拉 1杯胡萝卜汁	10个小西红柿	煮土豆&蒸南瓜 三文鱼三明治 5个蓝莓	1根香蕉	半碗杂粮饭 半碗鲜鱼汤 1小碟泡白菜 1小碟凉拌菠菜 1杯菊花茶
六	半碗糙米饭 半碗豆腐大酱汤 两个煎鸡蛋 1小碟泡白菜 1杯胡萝卜汁	10个小西红柿	自由安排饮食	1根香蕉	半碗杂粮饭 半碗花蟹汤 1小碟凉拌黄瓜 1小碟凉拌菠菜 1杯菊花茶
日	半碗糙米饭 一碗海带汤 半罐金枪鱼罐头 1小碟泡白菜 1杯胡萝卜汁	10个小西红柿	煮土豆&蒸南瓜 三文鱼三明治 5个蓝莓	1根香蕉	半碗杂粮饭 半条烤鱼 生菜、苏子叶包饭 1小碟凉拌菠菜 1杯菊花茶

要点： 建议平时多摄取包括菊花茶在内的富含类黄酮的食物。

菊花茶中含有丰富的类黄酮，而类黄酮具有非常强的抗氧化功效，在促进肝脏排毒和促进体内重金属排出方面具有卓越的功效。

放松与恢复篇健康食谱提示

在菊花科中有一种黄春菊，在缓解肝火旺盛、恢复身体机能、缓解眼部疲劳方面具有卓越的功效。在睡前喝1杯黄春菊茶，还可以提高睡眠质量。

放松与恢复篇美容提示

工作生活中的各种压力是影响我们身体新陈代谢的一大要因。新陈代谢能力低下，不仅会引发浮肿，肌肤的再生能力也会受影响。头皮部位在整个新陈代谢过程中占据重要一环，在对头皮做按摩的同时再配合使用一些头皮部位专用的功效性护理品，对促进整个身体的代谢循环是很有好处的。另外，不论在办公室还是家里，只要情况允许，随时可以做头皮按摩。

自我效果评价检查清单

1.每周做3次以上的脸部放松与恢复普拉提运动。	Yes ☐	No ☐
2.做面部普拉提的同时配合使用功效性护肤品。	Yes ☐	No ☐
3.每周有3次以上按照放松与恢复篇的健康食谱来安排饮食。	Yes ☐	No ☐
4.皮肤过敏次数有所减少，皮肤整体状态有所改善。	Yes ☐	No ☐
5.和以前相比，眼部疲劳有所缓解。	Yes ☐	No ☐
6.早晨起床后头脑感到很清爽。	Yes ☐	No ☐
7.虽然睡眠时间短，但睡得很深沉。	Yes ☐	No ☐
8.和以前相比疲劳度有所缓解。	Yes ☐	No ☐
9.皮肤比以前光洁透亮，轻拍面部肌肤感觉比较有弹性。	Yes ☐	No ☐
10.整个心态变得更加平和。	Yes ☐	No ☐

Yes 10分；No 5分

若总分超过70分，请根据自己的皮肤情况自由选择面部普拉提运动；若总分不到50分，请重新进行第6周的运动。

附录

应急的面部普拉提

随时随地都可以做的面部普拉提

现代人的生活节奏越来越快，紧张的工作和学习让每天都运动成了一件奢侈的事。在本篇中，将会教给大家如何合理利用各种琐碎的时间，简单高效地实现瘦脸。通过做一些简单的面部普拉提动作，在一些重要的场合，也能以精致的面容应对。

1. 化妆之前

※ **运动次数**：凡图右上角未标注次数的一般只需做一次。

打底妆之前，在化妆棉上喷上水润喷雾或者抹上一些保湿霜。保持普拉提呼吸，用化妆棉对整个面部肌肤做轻柔的拍打。

在打底妆之前，把两个粉底刷的握端分别贴在双眼的眼线处，然后顺着眼线非常轻柔地做按压。打底妆全部结束后，再重复此动作。

2. 在镜子前搽洁面膏的时候

在面部抹上洁面膏后，保持普拉提呼吸，用双手的指尖对整个面部肌肤做W、O、T、I、S、V等字形的抚摩。抚摩的同时像螺旋那样转动手指。

用双手四根指头的指腹（除开大拇指），按从下往上的顺序对整个脸部肌肤做提拉运动。

3. 在上下班的地铁里

重复 10次

用鼻子吸气，使肋骨扩张；用嘴吐气，使肋骨重新向脊柱方向收缩。如此反复。

重复 10次

鼓起腮帮子，左右活动下巴，感受口腔内的气体对左右两侧脸颊的冲撞。

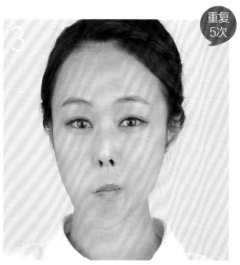

重复 5次

用舌头依次舔口腔内左右两侧的脸颊肌肉。之后闭上双眼，左右转动眼珠。

4. 午饭后坐在办公桌前的时光

保持普拉提呼吸，双手交叉高举过头顶，做伸懒腰动作。同时脸部肌肉放松，嘴尽量张大。

全身肌肉放松，双肩上提，然后再放下来。

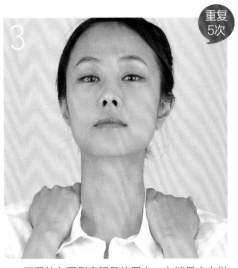

双手放在两侧肩胛骨位置上，向锁骨方向做抚摩运动。

5. 半身浴或足浴的时候

重复
5次

入浴前，在脸部搭上免洗面膜，然后活动整个脸部肌肉，尤其是脸颊和嘴部。

重复
5次

保持普拉提呼吸，嘴尽可能地张大，按顺序依次发出"pa-pia-pe-pie-pao-piao-pu-piu-pu-pi（啪-pia-pe-撇-抛-飘-扑-piu-扑-批）"的声音。

6. 躺在床上的时候

重复
5次

平躺在床上，抬起双手和双脚，然后再将手脚平放在床上，同时嘴里向外吐气，发出"pu（扑）"的声音，让气流吹动嘴唇，使之微微颤动。

重复
5次

平躺在床上，嘴唇紧闭，绷紧整个脸部肌肉。然后张大嘴，放松整个脸部肌肉。

重复
3次

双手交叉分别放在两侧肋骨部位，做普拉提呼吸，感受肋骨的扩张和收缩。

重复
3次

用化妆专用海绵垫蘸取适量的保湿面霜或往海绵垫上喷适量的定妆喷雾，对整个脸部做轻柔的拍打。

重复
3次

嘴尽可能地向两边咧开，同时双肩尽可能地向下垂，让嘴部和颈部的肌肉得到拉伸。

重复
3次

上下唇做呕嘴的动作。

8. 面试或演讲开始前的30分钟

重复
3次

手交叉分别放在两侧肋骨部位，做普拉提呼吸，感受肋骨的扩张和收缩。

重复
3次

保持普拉提呼吸，吐气时，让气流吹动上下唇使之微微颤动，让嘴唇肌肉得到放松。

重复
3次

发声时，嘴尽可能地夸张。按顺序依次发出"pa-pia-pe-pie-pao-piao-pu-piu-pu-pi（啪-pia-pe-撇-抛-飘-扑-piu-扑-批）"的声音。

9. 通过对头皮的护理，提高面部的抗衰老能力

※ **本页运动次数：**凡图右上角未标注次数的一般只需做一次。

头皮清洁：根据头皮的状况，选择合适的发根毛囊调理露。用调理露涂抹整个头皮，用双手食指和中指的手指腹对整个头皮做揉搓按摩。

洗发膏：把发根毛囊调理露冲洗干净，抹上洗发膏，等泡沫起来之后，用双手的手指尖（不能用手指甲）对整个头皮做按摩。

毛发护理素：把洗头膏冲干净后，抹上毛发护理素，把双手大拇指的指腹放在后颈中央位置，沿着后颈部发际线分别向上做轻柔的按压，最后绕过耳朵上面后，在鬓角处停下。

头皮护理素：把毛发护理素冲洗干净，涂抹上头皮专用护理素，用双手的手指腹对整个头皮做敲打和抓挠式按摩。

重复
3次

保持普拉提呼吸，吐气时，让气流吹动上下唇使之微微颤抖，让嘴唇肌肉得到放松。

重复
5次

双手大拇指分别按压在两侧嘴角斜上方，其余的手指按压在耳朵后部。两个大拇指分别向两侧耳根的方向做抚摩运动，抚摩时要施加一定力度，让肌肉有被推挤的感觉，最后在耳根处停下。

重复
5次

双手大拇指分别按压在鼻翼两侧，其余的手指按压在耳朵后部。两个大拇指分别向两侧耳根的方向做抚摩运动，抚摩时要施加一定力度，让肌肉有被推挤的感觉，最后在耳根处停下。

保持普拉提呼吸，先用双手贴住整个额头，分别向两边做抚摩运动。再把双手分别贴在两侧脸颊上，向两边做抚摩运动。最后再用双手贴住整个下巴，分别顺着两侧下颌骨的轮廓做抚摩运动。